教育部大学计算机课程改革项目规划教材

大学计算机实践教程

（第2版）

主　编　陈　波
副主编　贾　凌
　　　　王立香
　　　　崔孝凤
　　　　解　红

高等教育出版社·北京

内容提要

本书是李业刚主编的《大学计算机(第2版)》的配套实践教程。

本书主要内容包括计算机组装、操作系统的安装与使用、办公自动化、数据库技术基础、计算机网络、Dreamweaver 网页制作、算法与程序设计、PHP 程序设计、机器人流程自动化等。本书以掌握计算机应用技能为目的,实验以验证型基本实验为主,内容与主教材相呼应;同时还提供扩展阅读、微视频、实验素材等供学生参考,使学生在掌握实验内容的同时,加深对课程理论知识的理解和应用。

本书条理清晰、实用性和可操作性强,适合高等学校非计算机专业学生计算机公共课使用,也可供计算机爱好者自学使用。

图书在版编目(CIP)数据

大学计算机实践教程/陈波主编. --2 版. --北京:高等教育出版社,2020.9
ISBN 978-7-04-055019-1

Ⅰ.①大… Ⅱ.①陈… Ⅲ.①电子计算机-高等学校-教材 Ⅳ.①TP3

中国版本图书馆 CIP 数据核字(2020)第 170316 号

策划编辑 刘 娟	责任编辑 武林晓	封面设计 李卫青		版式设计 张 杰
插图绘制 于 博	责任校对 刘娟娟	责任印制 刁 毅		

出版发行	高等教育出版社	网　址	http://www.hep.edu.cn
社　址	北京市西城区德外大街4号		http://www.hep.com.cn
邮政编码	100120	网上订购	http://www.hepmall.com.cn
印　刷	山东韵杰文化科技有限公司		http://www.hepmall.com
开　本	787mm×1092mm 1/16		http://www.hepmall.cn
印　张	17.75	版　次	2017 年 8 月第 1 版
字　数	430 千字		2020 年 9 月第 2 版
购书热线	010-58581118	印　次	2020 年 9 月第 1 次印刷
咨询电话	400-810-0598	定　价	35.80 元

本书如有缺页、倒页、脱页等质量问题,请到所购图书销售部门联系调换
版权所有 侵权必究
物 料 号 55019-00

大学计算机实践教程

（第2版）

陈　波

贾　凌　王立香

崔孝凤　解　红

1　计算机访问http://abook.hep.com.cn/18610233，或手机扫描二维码、下载并安装Abook应用。

2　注册并登录，进入"我的课程"。

3　输入封底数字课程账号（20位密码，刮开涂层可见），或通过Abook应用扫描封底数字课程账号二维码，完成课程绑定。

4　单击"进入课程"按钮，开始本数字课程的学习。

课程绑定后一年为数字课程使用有效期。受硬件限制，部分内容无法在手机端显示，请按提示通过计算机访问学习。

如有使用问题，请发邮件至 abook@hep.com.cn。

扫描二维码
下载Abook应用

前言

"计算机应用基础"是高等学校本专科非计算机专业的一门公共基础课。本课程的目标是提高学生的信息素养,拓宽知识面,培养学生在各专业领域中应用计算机技术解决问题的意识和能力。

目前,信息技术课程在中小学普遍开设,大多高校新生已具备了初步的计算机应用能力。因此,大学阶段的"计算机应用基础"课程应该站在更高的起点上,摆脱以培养交互式软件应用能力为主要目标的课程模式,转向以培养程序设计能力和计算思维能力为主要目标的新的课程模式。

通过多年的教学实践,我们深深体会到,课堂教学中理论知识的理解、思维意识的养成,还需通过具体实验来感性认识和巩固。所以实验也是本课程的重要环节,不可或缺。

本实践教程首先介绍相关软件的使用技巧,然后设置具体实验项目训练学生的应用技能。目的不是学会软件的使用,而是具备完成某项任务的能力。

本书是《大学计算机》教材的配套实验教材。第 1 章和第 2 章由陈波编写,第 3 章由解红编写,第 4 章和第 9 章由贾凌编写,第 5 章由王立香编写,第 6 章由崔孝凤编写,第 7 章由周洁编写,第 8 章由巨同升编写,全书由陈波统筹定稿。宋吉和、薛磊江、冷淑霞对书稿提出了宝贵的建议。

由于作者水平所限,加之时间仓促,书中难免存在遗漏和不足之处,敬请同行专家和读者朋友不吝批评指正。

编 者
2020 年 9 月

目录

第1章 计算机组装

计算机是根据一组指令执行计算的电子机器,是一种用于高速计算的电子计算机器,可以进行数值计算,又可以进行逻辑计算,还具有存储记忆功能,是能够按照程序运行,自动、高速处理海量数据的现代化智能电子设备。计算机可分为超级计算机、工业控制计算机、网络计算机、个人计算机、嵌入式计算机五类。个人计算机是指一种大小、价格和性能适合个人使用的多用途计算机。生活中常用的台式机、笔记本电脑、小型笔记本电脑和平板电脑以及超级笔记本电脑等都属于个人计算机。

下面主要介绍台式机的组装和笔记本电脑的组成与硬件更换。

1.1 台式机的组装

计算机组装是指用户将计算机硬件组装成可工作的计算机的过程。不同的用户在计算机组装中对硬件要求不同,但是处理器、主板、内存、硬盘、光驱、显卡、声卡、显示器、音箱、电源、键盘、鼠标等是必不可少的。

1. 准备工作

① 在安装前释放人体身上的静电,可以用手摸一摸接地的导电体,如果有条件,可佩戴防静电腕带和防静电垫,如图 1-1 所示。

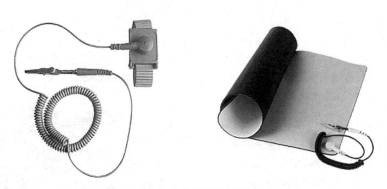

图 1-1　防静电腕带和防静电垫

② 准备并检查处理器、主板、内存、硬盘、光驱、显卡、声卡、显示器、音箱、电源、键盘、鼠标等常用计算机组装部件。准备部件时要根据自己实际需要购买配件,并注意配件之间的兼容性。检查主要包括,检查零部件是否齐全,检查各部件外表是否有损坏。这些问题都可能导致计算机工作不稳定,甚至不能工作。对各种部件要轻拿轻放,不要碰撞,尤其是硬盘。

③ 准备好安装所用的各种工具,如十字螺钉旋具、一字螺钉旋具、尖嘴钳和镊子等,最好准备一个小器皿,用于盛放螺钉及一些小零件等,以防丢失,如图 1-2 所示。

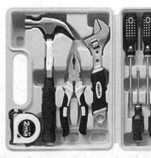

图1-2 工具箱和收纳盒

2. 台式机组装

组装计算机也称兼容机或 DIY 计算机。组装流程如下。

① 打开机箱,将电源安装在机箱中。空机箱和电源如图1-3所示。

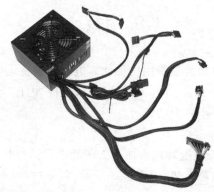

图1-3 空机箱和电源

大多数机箱可以通过拆下机箱顶板和侧板来打开,一般机箱里面预装了电风扇和连接电风扇与前面板按钮的电缆、LED 指示灯、USB 接口、音频等。将电源按照机箱和电源手册安装说明来操作:将电源插入机箱,将电源上的孔与机箱的孔对齐,用螺钉将电源固定在机箱上,并使用束线带将电源线绑在一起,放在不会影响其他组件的位置。

② 安装 CPU。准备一块绝缘泡沫或防静电垫用来放置主板。在安装 CPU 之前,要确定 CPU 芯片与主板 CPU 插槽是否兼容。

首先,将主板 CPU 插槽的拉杆打开,插槽上盖如图1-4所示,将 CPU 引脚与插槽引脚对齐,轻轻地将 CPU 放到插槽中,如图1-5所示。注意 CPU 和主板 CPU 插槽有个防呆缺口,CPU 安装反了是放不进去的。

图1-4 主板与 CPU

其次,使用插销板将 CPU 固定在主板上的插槽中。合上 CPU 插销板,合上负载锁杆,固定插销板,并将负载锁杆固定在负载锁杆的固定卡舌下,如图1-6所示。

图 1-5 CPU 放入插槽

最后,在 CPU 上涂导热硅脂,如图 1-7 所示,将散热器和电风扇组件护圈与主板上的孔对齐,并将组件放在 CPU 插槽上,如图 1-8 所示。避免挤压 CPU 风扇电线。拧紧组件护圈,将组件固定到位。将 CPU 散热器上的供电接口插入主板的对应供电插口上,一般主板上会标注 CPU_FAN,如图 1-9 所示。

③ 安装内存。首先,打开 DIMM 插槽上的锁定钮,如图 1-10 所示。

图 1-6 固定 CPU

图 1-7 涂抹导热硅脂 图 1-8 安装 CPU 散热电风扇

图 1-9 连接 CPU 散热器上的供电接口 图 1-10 打开锁定钮

其次,将内存上的槽口与插槽上的凸起对齐,如图 1-11 所示,然后用力向下按内存,两边都需要按到底,听到"咔哒"一声即可,检查内存金手指是否完全看不见了,确保锁定钮卡入到位。如果没有对齐,当计算机启动时,内存可能会损坏,并且可能严重损坏主板。

内存插槽凸起　　　　　　　　　　　　　　　　　内存槽口

图 1-11　对齐槽口

④ 安装主板。首先,将机箱上的 I/O 接口的密封片撬掉。可根据主板接口情况,将机箱后相应位置的挡板去掉。这些挡板与机箱是直接连接在一起的,需要先用螺钉旋具将其顶开,然后用尖嘴钳将其扳下,如图 1-12 所示。

其次,把机箱附带的金属螺钉柱或塑料钉(如图 1-13 所示)旋入主板和机箱对应的机箱底板上,然后再用钳子进行加固。一般情况下用 6~8 颗,其作用一是用来固定主板,二是将主板背面与机箱隔离,给 CPU 散热提供空间以及防止主板接触机箱导致短路。

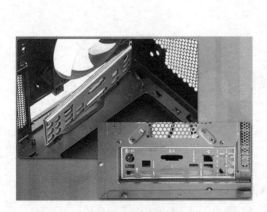

图 1-12　主板挡板　　　　　　　　　　　　　图 1-13　金属螺钉柱或塑料钉

最后,将主板对准 I/O 接口放入机箱,如图 1-14 所示,并检查一下金属螺钉柱或塑料钉是否与主板的定位孔相对应。将金属螺钉套上纸质绝缘垫圈加以绝缘固定好即可。安装主板要稳固,同时又要防止压力过大导致变形,甚至导致主板上的电子线路损坏。

⑤ 安装硬盘驱动器。将机械硬盘插入机箱的硬盘仓位中,以便驱动器中的螺钉孔与机箱中的螺钉孔对齐,并用螺钉将其固定在机箱上,如图 1-15 所示。

固态硬盘(SSD)的安装与其接口有关,经典的 2.5 英寸 SATA 接口 SSD,按机械盘传统安装方式操作即可;高端的 PCI-E 原生接口 SSD 也是免驱动使用;M.2 接口 SSD 的安装方法如图 1-16 所示。

图 1-14 安装主板

图 1-15 机械硬盘的安装

图 1-16 M.2 接口 SSD 的安装

⑥ 安装光盘驱动器。光驱安装在 5.25 英寸(13.34 厘米)驱动器槽位中,可从机箱前面安装,使其与机箱前面的 5.25 英寸(13.34 厘米)驱动器槽位开口对齐,如图 1-17 所示。将光驱插入驱动器槽位,使光驱螺钉孔与机箱上的螺钉孔对齐,并用螺钉将其固定在机箱上。

图 1-17 光盘驱动器的安装

⑦ 安装适配卡。适配卡(adapter card)指的是可以连接计算机主机上的,具备特定功能的硬件。通过在扩展总线与外围设备之间提供接口,适配卡可以为系统添加某些特定功能。显卡、网卡、声卡均属于适配卡。适配卡可以通过主板的 PCI、PCI-E 插槽进行连接。网卡、声卡一般使用主板上集成的插槽,显卡通常采用独立的插槽,下面主要介绍显卡的安装。主要步骤如下:找到机箱上的空 PCI-E 插槽,如图 1-18 所示,将显卡与主板上的相应扩展槽对齐,轻轻按下显卡,直至卡完全到位,并用螺钉将显卡的安装支架固定在机箱上,如图 1-19 所示。若显卡需要供电,将电源线连接到主板的供电接口。

⑧ 连接主板电源。主板需要有电才能运行。主板还会为连接到主板的各种组件供电。所需要的电源接头数量和类型取决于主板和处理器的组合。主板通常需要两个电源接头,一根是 4 口,另一根是 24 口。电缆、接头和组件应紧密接合。如果难以插入电缆或其他部件,则说明有故障。不要强行插入接头或组件。强行插入可能会损坏插头和接头。如果难以插入接头,应检查接头方向是否正确,引脚是否有弯曲。

图 1-18 PCI-E 插槽

图 1-19 显卡的安装

安装主板电源接头的步骤如下。

第 1 步:将 24 引脚(或 20 引脚)ATX 电源接头与主板上的插槽对齐,如图 1-20 所示。轻轻按下接头,直到固定夹卡入到位。

第 2 步:将 4 引脚(或 8 引脚)辅助电源接头与主板上的插槽对齐,如图 1-21 所示,轻轻按下接头,直到固定夹卡入到位。

图 1-20 主板电源连接 1

图 1-21 主板电源连接 2

⑨ 连接 CPU、内部驱动器和机箱风扇电源。电源接头上有防插反装置,所以只能沿一个方向插入电源插槽。接头的某些部分是方形,而其他部分略圆。如果接头由于形状原因无法放入插槽,请记住,略圆部分可以放入方孔,但是方形部分不能放入圆孔。

CPU 电源的连接:找到 CPU 供电线,插入主板右上角处的 CPU 供电接口上,一般 CPU 供电线上会标注"CPU",如图 1-22 所示。

硬盘和光驱电源线的连接:硬盘和光驱这些驱动器通常使用 15 引脚 SATA 接头,如图 1-23 所示。

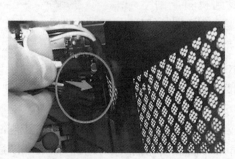

图 1-22 连接 CPU 电源线

图 1-23 SATA 电源线接头

连接 SATA 电缆与驱动器的步骤如下:将 15 引脚 SATA 电源接头与驱动器上的端口对齐,轻轻按下接头,直至接头完全到位,如图 1-24 所示。

其他外围设备也需要供电。大多数主板提供 3 引脚或 4 引脚接头来连接风扇。如连接机箱电风扇电源的基本步骤:将 3 引脚或 4 引脚风扇电源接头与主板上的端口对齐,轻轻按下接头,直至接头完全到位,如图 1-25 所示。

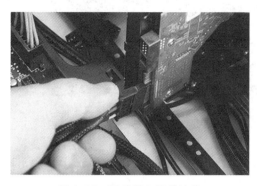

图 1-24 驱动器电源线连接

图 1-25 机箱风扇电源连接

按照主板和机箱的手册说明,将机箱其余的所有电缆插入相应的接头。

⑩ 连接内部数据线。通常使用 SATA 数据线将内部驱动器和光驱连接到主板。SATA 数据线具有 7 引脚接头,SATA 电缆有防插反装置,如图 1-26 所示。许多 SATA 电缆带有锁紧接头,可防止电缆被拔出。要取下已锁紧的电缆,请按下插头上抬起的金属卡舌,然后拔出接头。

图 1-26 SATA 数据线

使用 SATA 数据线连接驱动器与主板包括以下步骤:将 SATA 数据线的一端插入主板插槽中,如图 1-27 所示,将 SATA 电缆的另一端插入驱动器上较小的 SATA 端口,如图 1-28 所示。

图 1-27 连接 SATA 数据线与主板

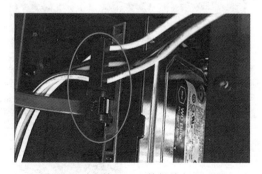

图 1-28 连接 SATA 数据线与驱动器

⑪ 连接前面板电缆。计算机机箱上有用来控制主板电源的按钮和指示活动情况的指示灯:电源按钮、重置按钮、电源 LED、驱动器活动 LED、系统扬声器、音频、USB 等。可使用电缆将机箱前面的这些按钮和指示灯连接到主板。机箱中常用的前面板电缆及常用系统面板接头如

图1-29所示。系统面板接头旁边的文字显示了每条电缆可连接到何处。系统面板接头没有防插反装置。请务必查阅主板手册,查看有关连接前面板电缆的图表和其他信息。

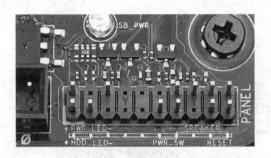

图1-29 前面板电缆及常用系统面板接头

⑫ 重新组装机箱组件并安装外部电缆。将显示器的信号线连接到显卡上,如图1-30所示。

将电源线插入电源,加电测试系统是否能正常启动。如果能正常启动(听到"嘀"的一声,并且屏幕上显示硬件的自检信息),关掉电源继续下面的安装操作。如果不能正常启动,就要检查前面的安装过程是否存在问题,包括CPU、内存、适配器卡、数据线、前面板电缆和电源线等。盖上机箱盖后,将所有螺钉固定就位。

图1-30 将显示器电缆连接到视频接口

安装外部电缆指将电缆连接到计算机背面相应接口。通常接口上会显示所连设备的图标或用颜色区分,如键盘、鼠标、显示器或USB符号,如图1-31所示。至此全部组装工作完成。

图1-31 将键盘线和鼠标线插入PS/2键盘端口、USB线插入USB端口

1.2　笔记本电脑硬件组成与更换

笔记本电脑(laptop)又被称为"便携式电脑""手提电脑""掌上电脑"或"膝上型电脑",其最大的特点就是机身小巧,携带方便,是一种小型、可便于携带的个人计算机,通常重 1 ~ 3 kg。当前的发展趋势是体积越来越小,重量越来越轻,而功能却越发强大。

1. 笔记本电脑的硬件组成

笔记本电脑和台式计算机使用许多相同的硬件功能,因此其外围设备可以互换使用,但是主要的硬件,如主板、CPU、内存、显卡、硬盘在外观等方面又有不同,如图 1-32 ~ 图 1-36 所示。

图 1-32　笔记本电脑主板　　　　　　图 1-33　笔记本电脑 CPU

图 1-34　笔记本电脑内存条

由于笔记本电脑设计紧凑,其端口、连接和驱动器位于笔记本电脑的外部(前、后和侧面板)。可使用 USB 端口将外部设备(如光驱、蓝牙和 WiFi)连接到笔记本电脑。状态指示灯、端口、插槽、接头、槽位、插孔、通风口和锁孔都位于笔记本电脑的外部。为了缩小体积,笔记本电脑当今采用液晶显示器(也称液晶 LCD 屏)。输入设备除了键盘以外还装有触控板(touchpad)或触控点(pointing stick)作为定位设备(pointing device)。

不同品牌和型号的笔记本电脑的外部接口和内部布局是不一样的,如图 1-37 和图 1-38 所示。

图 1-35 笔记本电脑硬盘   图 1-36 笔记本电脑显卡

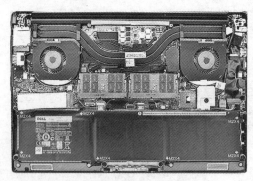

图 1-37 笔记本电脑内部布局图 1   图 1-38 笔记本电脑内部布局图 2

2. 笔记本电脑的硬件更换

笔记本电脑通常很少自己组装，一般都是买品牌机，目前在全球市场上有多种品牌的笔记本电脑，排名前列的有联想、华为、华硕、戴尔(Dell)、ThinkPad、惠普(HP)、苹果(Apple)、宏碁(Acer)、索尼、东芝、三星等。但当笔记本电脑需要简单的升级或者遇到一些小故障，就需要对硬件进行更换或维护。

笔记本电脑的一些部件(通常称为客户可更换部件[CRU])可由客户更换。CRU 包括笔记本电脑电池和 RAM 等组件。不应由客户更换的部件称为现场可更换部件(FRU)。FRU 包括主板、LCD 显示屏和键盘等组件。更换 FRU 通常需要较高的技术技能。在许多情况下，可能需要将设备返回至购买地点、经认证的服务中心或制造商。

更换前，首先应该研究笔记本各个部件的位置及其兼容型号。建议先查看随机带的说明手册，一般手册上都会标明各个部件的位置及兼容性。还要了解下笔记本电脑底部的各种标识符，这样想拆下哪些部件就能一目了然，如图 1-39 所示。

(1) 更换电池

当电池出现以下迹象：电池无法存储电量、电池过热、电池漏液等，可能需要更换电池。操作如下：首先关闭笔记本电脑并断开交流适配器；将电池锁移动到非锁定位置，取下电池，如图 1-40 所示；检查笔记本电脑内部和电池上的触点无灰尘且无腐蚀；插入新电池，确保电池的两个锁杆均已锁定。

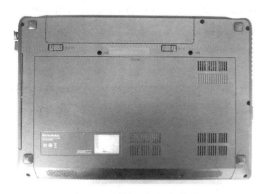
图 1-39　笔记本电脑背面

图 1-40　更换电池

（2）更换键盘

不同品牌不同型号的笔记本电脑,键盘的封装类型不同,现在常见的主要有三种,一种是内嵌式固定型,一种是卡扣固定型,还有一种是螺钉固定型,不同类型的拆解方法也不同。首先关闭笔记本电脑,断开交流适配器,取出电池,确保在无电情况下操作(简称断电)。

内嵌式键盘拆解方法:这种键盘的固定方式从机身后面看不见固定螺钉,拆解时要先把键盘上方的压条拆除。这种压条在机器背后通常有固定的螺钉,直接拧下固定键盘的螺钉即可,如图 1-41 所示。

卡扣式键盘的拆法:首先拧下背部的固定螺丝,要特别注意卡扣的位置。然后用硬的物体将卡扣撬开,注意不要过度用力。

螺钉固定型键盘拆解:首先把笔记本电脑翻过来,卸下背后印有键盘标记的 4 颗螺丝。拧下螺钉之后,将键盘下方的部位向上翘起,注意不要用力过猛。待整个键盘的下部脱离机体之后,再向下抽出键盘,要注意下面连着的数据线。

（3）更换屏幕

笔记本电脑的显示屏通常是最昂贵的更换组件,但也是最易受到损坏的组件之一。要更换屏幕,首先断电,取下笔记本电脑机身的顶部和键盘,将显示屏电缆从主板断开,拆下所有将显示屏固定到笔记本电脑边框上的螺钉,将显示屏组件从笔记本电脑边框上取下,如图 1-42 所示,把更换的显示屏组件安装固定并连接到主板,重新连接键盘和笔记本电脑机身的顶部。

图 1-41　更换键盘

图 1-42　更换屏幕

（4）更换硬盘

首先断电，在笔记本电脑的后盖找到硬盘标识，拧下几颗螺钉后可以轻松打开，拆下这个后盖，拆开后就能看到硬盘的位置了。将固定硬盘的螺丝拆掉后，轻轻一推就能拿出硬盘了，如图 1-43 所示，再将新的硬盘装入即可。

（5）更换内存

首先断电，在笔记本电脑的后盖找到内存仓标识，不同型号不同品牌的笔记本电脑会有所区别。打开内存仓盖，如图 1-43 所示，将内存条两侧的卡子平行向侧拉开，内存条就自动弹了出来。安装时首先调整一下所插内存条金手指的缺口部分位置，使其对准插槽的固定突起部分，这防呆设计与台式机内存相同，用大约 30°的角度插入插槽，然后轻按一下，它就会发出"啪"的一声响，卡入插槽中了。安装完成之后再盖上后盖，然后用螺丝刀拧紧螺丝就可以了。

（6）更换 CPU

更换 CPU 之前，技术人员必须拆下风扇或散热器。通常风扇和散热器可能连接在一起作为单个模块或作为独立单元安装的。

首先断电，翻转笔记本电脑，取下电风扇上的所有塑料件，少数笔记本电脑需要取下键盘甚至把上盖拆开才能看到。找到散热器或电风扇和散热器组件，并拆下将其固定的所有螺钉，将风扇电源线从主板上断开，将散热系统拆下后，就可以看到 CPU 芯片了，插槽上黑色的平口螺钉就是固定装置，在它的旁边还各有一个锁状标记，指明了目前固定螺钉的状态。将 CPU 安装到插槽上，插好后旋转固定螺钉直到固定螺钉的指针指向了锁定标记，这样 CPU 才算装好，如图 1-44 所示。注意：CPU 是笔记本电脑中最脆弱的组件之一，应特别谨慎地处理；CPU 的安装位置很重要，必须用完全相同的方式重新安装 CPU。

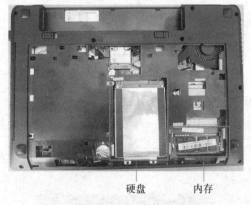

硬盘　　内存

图 1-43　更换硬盘、内存

图 1-44　更换 CPU

（7）更换主板

更换笔记本电脑中的主板通常需要技术人员将所有其他组件从笔记本电脑上拆下。更换笔记本电脑主板之前，请确保换用的主板符合笔记本电脑型号的设计规格要求。

首先断电，翻转笔记本电脑取下风扇上的所有塑料件，拆下将主板连接到机身的所有剩余螺钉；将新主板连接到笔记本电脑外壳，拧紧所有必要的螺钉，将直流插孔连接到笔记本电脑外壳，将电源线固定到机身，并将其连接到主板；重新安装所有拆下的组件；插入电池，连接交流适配器并启动计算机，确保系统正常运行。

实 验 指 导

实验　微型计算机组装

💻 **实验目的:**

1. 认识现代微型计算机硬件系统中的各主要部件。

2. 通过虚拟组装体验各部件之间的关系。

3. 掌握微型计算机硬件系统的组装方法。

💻 **实验内容:**

1. 观看视频了解微型计算机的拆卸和组装顺序。认识微型计算机的各个组成部件,掌握其外形特征、功能和性能指标等。

2. 运用思科网院的 Virtual Activity Desktop,完成微型计算机(台式机)硬件系统的组装。

📁 实验素材1-1:
Virtual Activity
Desktop

3. 运用思科网院的 Virtual Activity Laptop,完成微型计算机(笔记本电脑)硬件系统的组装。

📁 实验素材1-2:
Virtual Activity
Laptop

第2章 操作系统的安装与使用

2.1 Windows 系统

2.1.1 Windows 系统的安装

扩展阅读
2-1：Windows 诞生始末

Windows 系列操作系统是微软公司在 20 世纪 90 年代研制成功的图形化工作界面操作系统，俗称"视窗"。Windows 系统是 PC（personal computer）上使用比较广泛的操作系统，现在市面上出售的品牌微机一般都已经安装 Windows 系统，在后期的使用过程中出现问题可能需要重装系统，当然可以找客服，也可以自己 DIY。装系统常用的方法有硬盘安装方法、U 盘安装方法、光盘重装方法等。U 盘安装系统是普遍选择的方法，光盘安装系统是历时最久的安装系统方式。安装过程非常简单，在安装的过程中，用户只要按照提示一步一步操作即可，在此不再赘述。

2.1.2 Windows 10 的启动与退出

1. 启动 Windows 10

从按下计算机开机键到 Windows 10 系统启动完成经历了读取 BIOS，对内存、CPU、硬盘、等设备进行自检，Boot 加载，检测配置硬件，加载操作系统内核复杂的过程，这些工作都由操作系统自动完成。

2. 退出 Windows 10

在使用完计算机后，都应正确地退出系统并关闭计算机，非正常的关闭可能导致对计算机系统甚至硬件的伤害。关闭 Windows 10 前先保存和关闭正在编辑或运行的文档或软件，单击"开始"按钮，在弹出的"开始"菜单中单击左下角的"关机"按钮即可，如图 2-1 所示。

重新启动、睡眠的操作类似，如图 2-2 所示。

扩展阅读
2-2：常用键盘分类简介

2.1.3 键盘的基本操作

键盘是最常用也是最主要的输入设备，通过键盘可以将英文字母、数字、标点符号等输入到计算机中，从而向计算机发出命令、输入数据等。常用的键盘是 101 型，由主键盘区、功能键盘区、编辑键区和小键盘区组成，如图 2-3 所示。

在 Windows 10 的各种操作中，会采用到多种形式的组合键、功能键，常用组合键功能如表 2-1 所示。

图 2-1　Windows 10"开始"菜单 1

图 2-2　Windows 10"开始"菜单 2

图 2-3　键盘分区

表 2-1　Windows 10 常用组合键及功能

组合键、功能键	功能、作用
Ctrl+Shift+Esc	打开 Windows 任务管理器
Alt+Tab 或 Alt+Esc	在打开的各应用程序之间进行切换
Windows+R	打开"运行"对话框
Windows+Tab	打开一个新的任务视图界面,显示此虚拟桌面上的所有当前窗口
Windows+方向键	将当前窗口移到屏幕相应方向
Windows+Ctrl+D	创建一个新的虚拟桌面
Windows+Ctrl+左/右方向键	转到左/右侧的虚拟桌面
Windows+Ctrl+F4	关闭当前虚拟桌面
Alt+F4	关闭应用程序
F1	获取帮助

2.1.4　鼠标的基本操作

鼠标是一种很常用的计算机输入设备,它可以对当前屏幕上的游标进行定位,并通过按键和

扩展阅读
2-3：常用鼠标
类型介绍

滚轮装置对游标所经过位置的屏幕元素进行操作。鼠标 1968 年出现，美国科学家道格拉斯·恩格尔巴特（Douglas Englebart）制作了第一个鼠标。鼠标一般有左、右两个按键，称为左键和右键，其基本操作如下。

① 单击：一般指的就是单击鼠标左键，即按下鼠标左键后释放。用于选择某个对象。

② 右键单击：将鼠标指针指向某个对象或区域后，按下鼠标右键后释放。用于弹出快捷菜单，方便于执行后继的操作。

③ 双击：将鼠标指针指向某个对象，快速单击鼠标左键两次。用于执行应用程序或打开窗口。

④ 定位：移动鼠标指针，以便指向某个对象或置于某个位置，在此过程中不按键。

⑤ 拖放：按下鼠标左键不放，移动鼠标指针到目的地位置后再释放。一般用于移动或复制某个对象或对象区域。

在不同的工作状态下，鼠标指针将呈现多种形状，具有不同的作用。鼠标指针常见形状及作用如表 2-2 所示。

表 2-2　鼠标指针常见形状及作用

指针形状	作用	指针形状	作用
⌖	一般形状，用来选择操作对象	↔ ↕	垂直方向、水平方向调整窗口大小
⌖?	获取帮助时的形状	⤡ ⤢	可对角线方向调整窗口大小
⌖○	后台应用程序处于忙状态，可以操作前台程序	✛	可移动对象
○	系统处理忙，需等待	I	游标，可单击文本定位及选定文本内容
⊘	禁止用户的操作	☝	处于链接点

2.1.5　Windows 10 桌面

系统启动完成后，出现在用户眼前的整个屏幕区域称为"桌面"，它是操作计算机的基本界面，主要由桌面图标、桌面背景、任务栏等部分组成，如图 2-4 所示。

1. 显示属性的设置

在桌面的空白位置右击，在弹出的快捷菜单（如图 2-4 所示）中选择"个性化"命令，或者按 Windows+I 键打开"Windows 设置"窗口，从中选择"个性化"选项，如图 2-5 所示，则弹出如图 2-6 所示的"个性化"设置界面，可以进行各种属性设置，包括选择主题、桌面背景、锁屏界面等。其中，主题决定了桌面的总体外观，一旦选择了一个新的主题，背景、锁屏界面等的设置也随之改变。一般来说，用户可以先选择主题，然后再做其他的修改；锁屏界面是在一段指定的时间内用户没有对计算机进行任何操作时，屏幕上出现的图案。单击左侧"主题"项，从右侧选择"桌面图标设置"选项可以控制在桌面上显示或隐藏某些图标，如"计算机""回收站"图标，如图 2-7 所示。

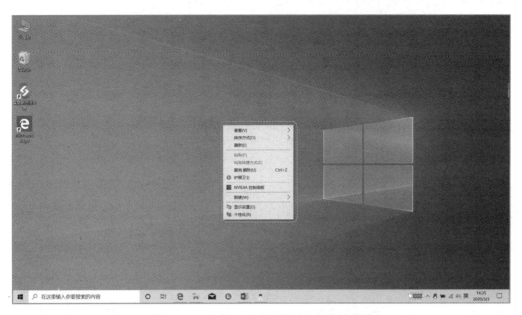

图 2-4　Windows 10 桌面及其右键快捷菜单

图 2-5　"Windows 设置"窗口

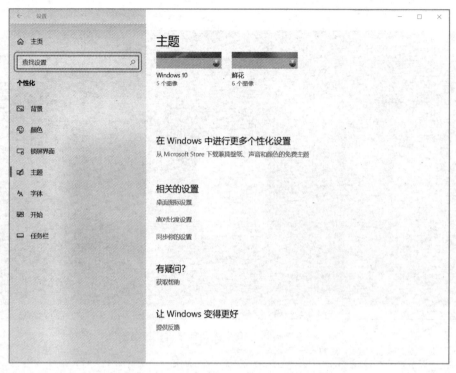

图 2-6   "个性化"设置界面

图 2-7   "桌面图标设置"对话框

2. 任务栏

Windows 10 系统任务栏一般设置于系统桌面的最下方,但也可以把任务栏置于系统桌面的顶部、左侧和右侧。右击任务栏空白处,在弹出的快捷菜单中选择"任务栏设置"命令,在打开的窗口中,找到任务栏在屏幕上的位置,就可以选择把任务栏置于系统桌面的底部、左侧、右侧、顶部。基本界面如图 2-8 所示。其构成元素从左向右介绍如下。

图 2-8　任务栏

"开始"菜单:单击"开始"按钮,可显示"开始"菜单,如图 2-1 所示,再单击左下角的所有应用命令,在窗口左侧就可以查看到计算机中的应用程序;右击"开始"按钮,可显示"开始"菜单,在菜单中可以打开"程序和功能""电源选项"等 18 项程序,"注销""睡眠""关机""重启"等命令也可在这里执行,如图 2-9 所示。

搜索栏:可以搜索 Web 和 Windows,在搜索栏输入要搜索的程序,系统就可以查到该应用程序。如在搜索栏输入"画图",就可以搜索到画图工具,单击"画图 -桌面应用"选项,即可打开画图工具。

应用程序区:打开的应用程序都显示在应用程序区,操作时单击就可以打开程序,非常方便。也可以把常用的应用程序固定到应用程序区,使用时易于查找和打开程序。把应用程序固定到应用程序区的方法:右击应用程序,在弹出的菜单中选择"固定到任务栏"命令即可;也可以右击该程序的快捷方式,选择"固定到任务栏"命令。

语言选项:在系统安装的输入法都显示在语言选项中,单击系统桌面右下角的语言图标可以切换输入法。

托盘区:在系统桌面的托盘区可以显示桌面、隐藏的图标、网络图标、音量图标、操作中心图标等。

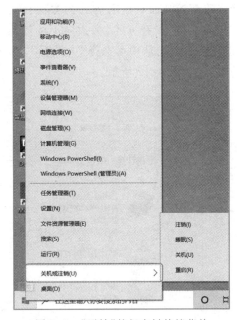

图 2-9　"开始"按钮右键快捷菜单

显示隐藏的图标:单击"∧"图标,可以查看系统隐藏了的图标,如果需要这些隐藏的图标显示在托盘区,在选择在任务栏上显示哪些图标的设置窗口,使这些程序的开关置于"开"的位置即可,如果不需要这些隐藏的图标显示在托盘区,使这些程序的开关置于"关"的位置即可,如图 2-10 所示。

显示桌面按钮:用于在当前打开的窗口与桌面之间进行切换。

可以对任务栏、"开始"菜单等进行设置、修改。设置方法为,在"个性化"设置界面(图 2-6)中选择左下方的"任务栏""开始"选项后,进行设置。

2.1.6　控制面板

控制面板是 Windows 10 图形用户界面的一部分,允许用户查看并操作基本的系统设置和控制命令,如添加、删除软件,控制用户账户,更改辅助功能选项,是大家接触较多的系统界面。

1. 控制面板的启动

不同版本的 Windows 系统下启动控制面板的操作不同,一般情况下可以通过"开始"菜单访问,都是启动了控制面板的可执行程序,控制面板的可执行程序文件位于 Windows 系统的如下位置:systemroot/system32/control. exe。

如图 2-11 所示,控制面板一般以类别的形式来显示功能菜单,分为系统和安全、用户账户、网络和 Internet、外观和个性化、硬件和声音、程序等类别,在每个类别下显示一些常用功能。改变控制面板查看方式的方法:单击控制面板右上角"查看方式"旁边向下的箭头,显示查看方式菜单,从中可选择"大图标""小图标"的方式,如图 2-12 所示。

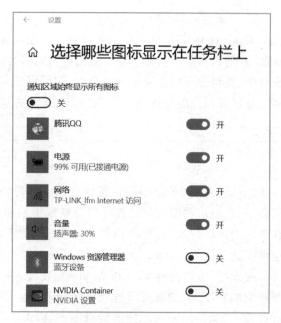

图 2-10 设置图标显示在任务栏上

图 2-11 "控制面板"窗口

2. 软件的安装与卸载

安装完操作系统后,Windows 系统自带了很多实用的软件,如截图工具、记事本、写字板、画图、计算器、多媒体播放工具等。用户根据自己的需要安装其他应用软件,通常先获取安装包,找到安装包中的 install. exe 或 setup. exe 文件双击并按照提示安装即可。

卸载软件的方法是,在控制面板中单击"程序和功能"图标,打开"程序和功能"窗口,如图 2-13 所示,在列表框中选中要删除的项目,单击上方的"卸载"按钮即可。

图 2-12 "查看方式"菜单选项

图 2-13 "程序和功能"窗口

2.1.7 文件与文件夹的管理

文件是指计算机中存取特定数据和信息的集合,通常存储在外存储器上。每个文件都有文件名,文件名由主文件名和扩展名组成,文件的扩展名通常具有三个字母,用于指示文件类型(如.jpg、.docx、.mp3 等)。文件夹是用来组织和管理磁盘文件的一种数据结构。"文件夹"就是一个目录,它提供了指向对应磁盘空间的路径地址。文件夹一般采用多层次结构(树状结构)。文件夹不但可以包含文件,而且可包含下一级文件夹,这样类推下去形成的多级文件结构既帮助了用户将不同类型和功能的文件分类存储,又方便文件查找,还允许不同文件夹中的文件拥有同样的文件名。使用文件夹最大的优点是为文件的共享和保护提供了方便。常用"计算机"和"资源管理器"实现对文件或文件夹的管理。

文件与文件夹的管理主要有创建、显示方式、排列方式、选定、复制、移动、删除、重命名、属性的查看、快捷方式的创建、查找等。

1. "此电脑"和"文件资源管理器"的启动

双击桌面上的"此电脑"图标可以打开"此电脑"窗口,如图 2-14 所示;右击"开始"按钮,选择"文件资源管理器"命令,或者按 Windows+E 键,即可打开"文件资源管理器"窗口。还有多种打开"文件资源管理器"的方法,读者可以自己探索一下。在文件资源管理器中可以使用以下快捷键实现跳转,Alt+向上箭头:在文件资源管理器中上升一级;Alt+向左箭头:转到文件资源管理器中的上一个文件夹;Alt+向右箭头:转到文件资源管理器中的下一个文件夹。

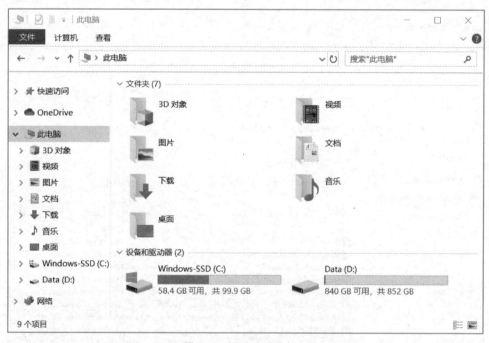

图 2-14 "此电脑"窗口

2. 文件及文件夹的基本操作

文件或文件夹的大部分操作首先要选定文件或文件夹,再对其进行相应的操作。在文件资源管理器中实现以下操作,可以采用键盘、鼠标和菜单等多种常用方式来实现,鼠标右键快捷菜单的方式操作更方便。

(1)文件或文件夹的选定

单个文件或文件夹的选定,用鼠标光标指向图标单击。

多个连续文件或文件夹的选定,单击第一个文件或文件夹的图标,按住 Shift 键,再单击最后一个文件或文件夹的图标。

多个不连续文件或文件夹的选定,单击第一个文件或文件夹的图标,按住 Ctrl 键,再依次单击要选定的文件或文件夹的图标。

选定全部文件或文件夹,在"文件资源管理器"窗口中,选择"主页"选项卡中的"全部选择"选项,也可以用 Ctrl+A 键实现。

取消已选定文件或文件夹中的部分对象的选定,按住 Ctrl 键,再单击要取消选定的文件或文件夹的图标;取消所有文件或文件夹的选定,单击窗口的空白位置即可。

（2）文件或文件夹的创建

文件夹的创建有多种方法:在"文件资源管理器"窗口打开要创建文件的父文件夹,选择"主页"选项卡中的"新建文件夹"选项;或者在要创建文件夹的空白处右击,在快捷菜单中选择"新建"→"文件夹"命令。

文件的创建:文件的创建要用相应的应用软件,例如,扩展名为 .pptx 的文件要用 Office 套装软件中的 PowerPoint 来创建。如果已经安装了相应的软件,可以在右键快捷菜单中选择要建立的文件类型,打开对应的软件来创建。

（3）文件或文件夹的重命名

选定需要操作的文件或文件夹后,右击,在弹出的快捷菜单中选择"重命名"命令;在"文件资源管理器"窗口中选择"主页"选项卡中的"重命名"选项。也可以在文件或文件夹名称处两次单击,使其处于编辑状态,输入新的名称按 Enter 键。

（4）文件或文件夹的复制

剪贴板是用于在同一或不同应用程序、文件之间传递、共享信息的临时存储区,是一段连续的可随着存放信息多少而变化的内存空间。剪贴板不但可以存储文件中的文本、图形、图像、声音等内容,还可以存储文件、文件夹等对象的信息。通过剪贴板可以在不同的应用程序之间交换信息,把各文件中的文本、图形、图像、声音等粘贴在一起形成一个图文并茂、有声有色的文档。也可以通过剪贴板在不同磁盘或文件夹之间进行文件或文件夹的移动、复制。

在"文件资源管理器"窗口中,选定要复制的对象,选择右键快捷菜单中的"复制"命令,或者按 Ctrl+C 键;打开目标文件夹,选择右键快捷菜单中的"粘贴"命令,或者按 Ctrl+V 键。

（5）文件或文件夹的移动

在"文件资源管理器"窗口中,选定要移动的对象,选择右键快捷菜单中的"剪切"命令,或者按 Ctrl+X 键;打开目标文件夹,选择右键快捷菜单中的"粘贴"命令,或者按 Ctrl+V 键。

（6）文件及文件夹的删除和还原

删除操作会用到"回收站",回收站是一个特殊的文件夹,默认在每个硬盘分区根目录下的 RECYCLER 文件夹中,而且是隐藏的。当将文件删除并移到回收站后,实质上就是把它放到了这个文件夹,仍然占用磁盘的空间。

在"文件资源管理器"窗口中,选定要删除的对象,选择右键快捷菜单中的"删除"命令,或者按 Delete 键;删的对象放入"回收站"中,打开"回收站"选择要还原的对象,选择"文件"菜单中的"还原"命令,或者右键快捷菜单中的"还原"命令即可将其还原到删除之前的位置。

如果想直接删除硬盘上的对象而不放入"回收站",选定对象后按 Shift+Delete 键。U 盘上的对象删除后不被送入"回收站",当然也就不能通过上述方法还原了,因此删除移动设备上的对象要谨慎。

（7）文件或文件夹属性的查看和设置

右击文件或文件夹，在弹出的快捷菜单中选择"属性"命令即可对其属性进行查看或设置。

如图 2-15 所示，"文件属性"对话框的"常规"选项卡显示了文件的名称、类型、打开方式、位置、大小、创建时间、修改时间和属性等信息；"文件夹属性"对话框的"常规"选项卡包括文件夹的名称、位置、大小、创建时间和属性等信息，"共享"选项卡可以把文件夹设置为共享。文件或文件夹的属性可以是只读和隐藏的组合，文件设置为只读属性后就不能对其进行修改了，设置为隐藏属性的文件或文件夹将不显示在列表中。要显示隐藏的文件或文件夹，需选择"工具"菜单的"文件夹选项"命令，在打开的对话框中设置，如图 2-16 所示。

图 2-15 文件属性对话框和文件夹属性对话框

（8）文件或文件夹快捷方式的创建

在 Windows 系统中，如果要打开某个常用的对象，可建立其快捷方式，需要时双击即可打开，而不必每次都要找到其执行文件。对象的快捷方式是指以图标的形式出现在桌面上、某个文件夹、某个菜单中。在快捷图标左下角均有一个 标记。快捷方式是一种特殊类型的图标，它实质上是一个指向对象的指针，而不是对象本身，快捷图标所处位置并不影响其对象的位置，更名和删除也不会影响到对象本身。

建立文件或文件夹快捷方式的方法：用鼠标右键拖动已选定的文件或文件夹到桌面上或文件夹中，再释放鼠标，将弹出其快捷菜单，选择"在当前位置创建快捷方式"命令，则在桌面上或文件夹中建立了其快捷方式；另外，利用"快捷方式向导"也可建立：在桌面或其他需建立快捷图标位置的空白处,右击,选择快捷菜单的"新建"
→"快捷方式"命令,在对话框中输入文件或文
件夹的路径,单击"下一步"按钮,输入名称,单
击"完成"按钮。

要删除快捷图标,只需将其拖动到回收站即
可,或按 Delete 键、按 Shift+Delete 键,右击并选
择快捷菜单中的"删除"命令都能达到目的。

2.1.8 设备管理器

在 Windows 操作系统中,设备管理器是管理
计算机硬件设备的工具,可以借助设备管理器查
看计算机中所安装的硬件设备,设置设备属性,
安装或更新驱动程序,停用或卸载设备,可以说
设备管理器的功能非常强大。设备管理器提供
计算机上所安装硬件的图形视图。

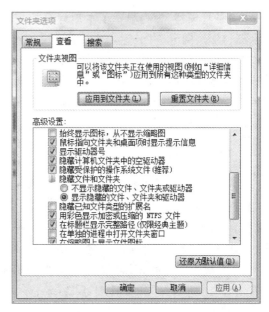

图 2-16 "文件夹选项"对话框

打开"设备管理器"窗口的方法有很多,例
如,从控制面板中打开;右击"此电脑"图标,在弹出的菜单中选择"属性"命令,打开系统属性窗
口,单击左侧边栏的"设备管理器"菜单项等。"设备管理器"窗口如图 2-17 所示。

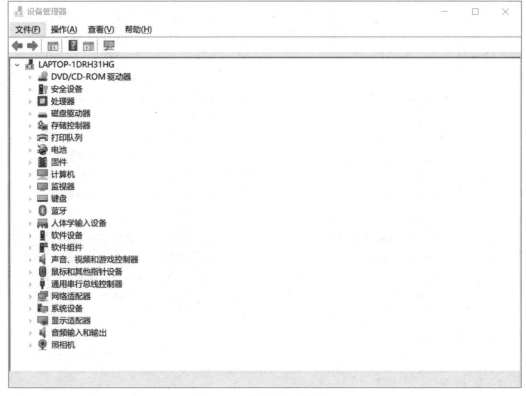

图 2-17 "设备管理器"窗口

"设备管理器"窗口显示了本地计算机安装的所有硬件设备,如光存储设备、处理器、硬盘、显示器、显卡、网卡、声卡等。可以通过设备管理器显示的各种符号来查看硬件的状态,红色的叉号说明该设备已被停用,通过右击该设备,从快捷菜单中选择"启用"命令即可启用。黄色的问号或感叹号,前者表示该硬件未能被操作系统所识别,后者指该硬件未安装驱动程序或驱动程序安装不正确,可以右击该硬件设备,选择"卸载"命令,然后重新启动系统,大多数情况下会自动识别硬件并自动安装驱动程序。

2.1.9　任务管理器

Windows 任务管理器(通常对应 C:\Windows\system32\taskmgr. exe)提供了有关计算机性能的信息,帮助用户查看资源使用情况,结束一些卡死的应用,等等。它的用户界面提供了"文件""选项""查看"菜单项,其下还有"进程""性能""应用历史记录""启动""用户"等选项卡,如图 2-18 所示,默认设置下系统每隔两秒对数据进行 1 次自动更新,也可以选择"查看"→"更新速度"命令重新设置。在 Windows 10 中按 Ctrl+Shift+Esc 键调出任务管理器,也可以右击任务栏,选择"任务管理器"命令,还可以按 Ctrl+Alt+Delete 键回到锁定界面,选择"任务管理器"项。

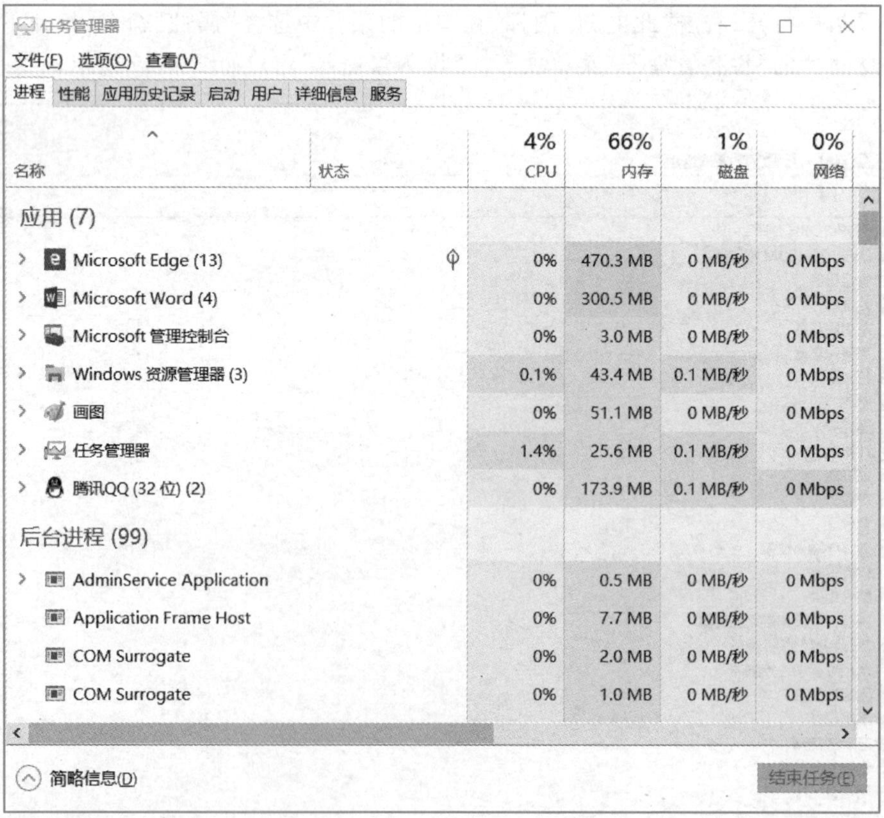

图 2-18　Windows 任务管理器

2.2 Linux 系统的安装与使用

2.2.1 Linux 系统的安装

扩展阅读
2-4：Linux 系统
诞生始末

Linux 最早由 Linus Benedict Torvalds 在 1991 年开始编写。在不断地有杰出的程序员和开发者加入 GNU 组织中后，便造就了今天人们所看到的 Linux 操作系统。Linux 的发行版本大体可以分为两类，一类是商业公司维护的发行版本，以著名的 Redhat(RHEL) 为代表；一类是社区组织维护的发行版本，以 Debian 为代表。Linux 发行版一般包括 Linux 内核，一些 GNU 程序库和工具，命令行 shell，图形界面的 X Window 系统和相应的桌面环境以及从办公软件、编译器、文本编辑器到科学工具的数千种应用软件。仅有内核而没有应用程序的 Linux 操作系统是无法使用的，所以市场上销售的 Linux 操作系统一般都是指发行版本。在选择 Linux 操作系统时，除了要看发行版本号，还要看内核版本号。

据不完全统计，目前市场上已有 300 多种发行版本。Ubuntu 系统是目前最流行的 Linux 操作系统之一，是一个广泛应用于个人计算机、智能手机、服务器、云计算以及智能物联网设备的开源操作系统。它基于 Debian GNU/Linux 发行版和 Unity 桌面环境，支持 x86、amd64(即 x64)和 ppc 架构，是由全球化的专业开发团队(Canonical Ltd)打造的开源 GNU/Linux 操作系统，与 Debian 的不同在于它每 6 个月会发布一个新版本。Ubuntu 的目标在于为一般用户提供一个最新的、同时又相当稳定的主要由自由软件构建而成的操作系统。Ubuntu 具有庞大的社区力量，用户可以方便地从社区获得帮助。

Ubuntu 的安装：Ubuntu 18.04 LTS 是目前 Ubuntu 的最新稳定版本。Ubuntu 的安装主要有两种方式：一种是将 iso 镜像文件制作成一个 U 盘启动盘，与 Windows 的安装类似，只要按照界面的提示来操作即可。另一种是使用虚拟机安装 Ubuntu。虚拟机是安装在当前操作系统下的一个应用程序，Ubuntu 运行在这个应用程序之上，安装方便，不改变现有分区和操作系统文件。

2.2.2 Ubuntu 的启动、登录和注销

1. Ubuntu 的启动

Ubuntu 操作系统的启动与 Windows 启动不同的是 Boot 部分。Ubuntu 操作系统的 Boot 程序一般是 GRUB。安装有 Ubuntu 操作系统的计算机在打开时，在系统自检完成以后，会出现 GRUB 系统引导界面，如图 2-19 所示。

GRUB 是 GRand Unified Bootloader 的缩写，是一个多重操作系统启动管理器。在 GRUB 系统引导界面中，可以使用键盘上的上下箭头键选择要引导的操作系统，选择后按 Enter 键即可进入。

2. Ubuntu 的登录

Ubuntu 经 GRUB 引导，启动成功后，按照屏幕提示，输入用户名和相关的口令，即可登录 Ubuntu。也可以使用"Guest Session"(来宾账户)登录 Ubuntu。当需要以超级用户身份登录时，需要向系统管理员咨询登录密码。

图 2-19　GRUB 系统引导界面

微视频 2-1：
Ubuntu 系统桌面
简介

2.2.3　Ubuntu 用户界面

　　Ubuntu 中默认的桌面环境是 Unity，Unity 是基于 GNOME 桌面环境的用户界面，由 Canonical 公司开发，主要用于 Ubuntu 操作系统。Unity 桌面环境主要包括左侧的面板和上方的菜单，如图 2-20 所示。

图 2-20　Ubuntu·Unity 桌面环境

1. 面板

　　初始安装的 Ubuntu 面板包括 Dash、主文件夹、Firefox、LibreOffice 办公软件、Ubuntu 软件中心、Ubuntu One 等图标，以下介绍它们的主要功能。

Dash 主页：是 Ubuntu 新版的启动菜单。单击屏幕左上角的 Ubuntu 图标激活 Dash。与大多数操作系统中见到的下拉、弹出菜单不同的是，当 Dash 被激活时，启动器锁定的地方会变暗，一个半透明的面板将占据屏幕的大部分空间，最显著的一项是一个文本搜索框，如图 2-21 所示。文本搜索框是用来搜索应用程序、文件和文件夹的。不必输入完整的单词或词组，当一个字母被输入搜索框，实时的搜索结构就会填满 Dash。

图 2-21　启动 Dash 主页效果图

主文件夹：主文件夹是用户的个人文件夹，也存放用户的配置文件。主文件夹中包含几个默认的文件夹：桌面、文档、音乐、图片和视频等。

Firefox：全名为 Mozilla Firefox，中文名称为"火狐"，是一个开源的网页浏览器，由 Mozilla 基金会与数百个志愿者所开发，类似于 Windows 下的 IE 浏览器。

LibreOffice 办公软件：LibreOffice 是在原 OpenOffice. org 办公软件的基础上发展而来的。LibreOffice 属于开源软件，以 GPL 许可证分发源代码，相比 OpenOffice 增加了很多有特色的功能。例如，LibreOffice 能直接导入 PDF 文档、微软 Word、LotusWord，支持主要的 OpenXML 格式。LibreOffice 本身并不局限于 Ubuntu 平台，支持 Windows、Debian、Mac os 等多个系统平台。

Ubuntu 软件中心：Ubuntu 软件中心是一个在线的软件仓库，它拥有 Ubuntu 必备的软件，并且完全免费。它提供了搜索功能，只要输入需要的软件的关键字，就会从 Ubuntu 的官网及开源社区中下载，非常方便。

Ubuntu One：是由 Ubuntu 推出的一项网络服务，该服务能够存储用户的文件，并允许在多台计算机上同步，还可以与好友实现文件的共享。具体使用方法是由用户指定欲分享的用户的 E-mail 地址，该用户就会收到邀请邮件，接受验证后文件就会自动出现在其"Shared With Me"文件夹中。该服务与许多在线存储的网站提供的服务非常类似。

系统设置：提供了鼠标、键盘配置，网络配置，系统更新配置，远程登录基本配置等系统的基本设置。

工作区切换区:可以让用户方便地在不同工作内容之间切换,增加了桌面空间。例如,用户在 Ubuntu 中打开了很多窗口、浏览器、文档编辑器、编译器、shell、QQ、音频播放器等,为不影响自己的工作,可以将休闲类应用程序放置在一个工作区,工作类应用程序放置在一个工作区,两个工作区互不干扰。

回收站:类似于 Windows 中的回收站,主要用来存放用户临时删除的文档资料,存放在回收站的文件可以恢复。

2. 菜单

将鼠标移动至桌面左上角,会出现 Ubuntu 的菜单,菜单中包括了 Ubuntu 中所有通用的操作命令,具体分为"文件""编辑""查看""转到""帮助"。菜单的操作方式与 Windows 相似,在此不再赘述。

2.2.4 Linux 的文件管理

1. Linux 的文件

Linux 的一个基本思想是"一切都是文件"。Linux 的文件类型有以下几种。

① 普通文件(regular file):就是一般存取的文件,由 ls-al 显示属性时,第一个属性为[-],如[-rwxrwxrwx]。

② 目录文件(directory):即目录,由 ls-al 显示属性时,第一个属性为[d],如[drwxrwxrwx]。

③ 链接文件(link):类似于 Windows 中的快捷方式。由 ls-al 显示属性时,第一个属性为[1],如[lrwxrwxrwx]。

④ 设备文件(device):用于代表系统外设及存储器的文件,主要集中在/dev 目录中。例如,键盘为标准输入文件,shell 里的代号是 0;显示器为标准输出文件,shell 里的代号是 1。

⑤ 套接字(sockets):这类文件通常用于网络数据连接。可以启动一个程序来监听客户端的要求,客户端就可以通过套接字来进行数据通信。由 ls-al 显示属性时,第一个属性为[s],在/var/run 目录中最常看到这种文件类型。

⑥ 管道(pipe):是一种特殊的文件类型,主要的目的是解决多个程序同时存取一个文件所造成的错误。由 ls-al 显示属性时,第一个属性为[p]。

Linux 设置把显示器、键盘等外围设备都当作文件来管理。

2. Linux 的目录结构

Ubuntu 的主要目录组织非常有条理,并且分工明确,读者可以稍做了解,方便以后查阅与提高。以下介绍主要目录的功能。

/:根目录,所有的目录、文件、设备都放在/之下,是 Linux 文件系统顶层目录。

/bin:bin 就是二进制(binary)的英文缩写。Linux 常用的命令都可以在这个目录下找到。

/boot:Linux 的内核及引导系统程序所需要的文件目录。

/dev:设备(device)的英文缩写。该目录中包含了所有 Linux 系统中使用的外部设备。它提供了一个访问外部设备的端口,可以非常方便地去访问这些外部设备,就如同访问一个文件。

/etc:该目录下存放了系统管理时要用到的各种配置文件和子目录,例如,网络配置文件,设备配置信息,设置用户信息,文件系统,x 系统配置文件等。

/home:用来存放所有用户的主目录。如果建立一个用户,在/home 目录下就有一个对应的

"/home/用户名"的路径。

/lib:库(library)的英文缩写,该目录用来存放系统动态连接共享库。

/mnt:该目录用于存放挂载固定存储设备的挂载目录,例如,有 cdrom 等目录。

/root:Linux 超级权限用户 root 的主目录。

/usr:用户存放应用程序和文件的目录。

3. 文件管理器 Nautilus

Nautilus 文件管理器是 Ubuntu 提供的文件管理工具,类似于 Windows 中的"此电脑"和"资源管理器",可以有效地帮助用户查看和管理文件、文件夹。

在 Ubuntu 下,用户进入 Nautilus 的方法主要有两种。

① 单击面板中的主文件夹。

② 在终端窗口中输入 nautilus 命令。

打开 Nautilus 文件管理器后,窗口分为两个部分:左边部分显示目录树状结构,右边部分显示所选择的文件夹内容,如图 2-22 所示。文件管理器中最常用的操作有鼠标单击、双击、右击和拖动。使用顶部的全局菜单还能对 Nautilus 文件管理器做一些设置。

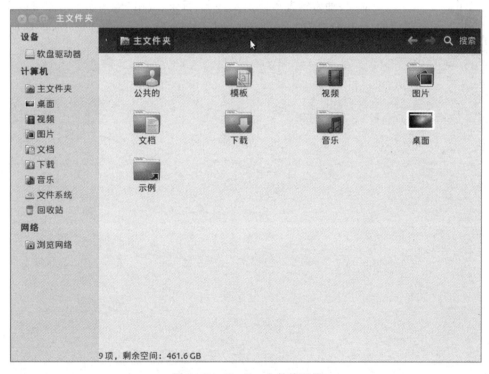

图 2-22 Nautilus 文件管理器

2.2.5 Linux shell 命令的使用

shell 是操作系统的外壳,是一种具备特殊功能的程序,它提供了用户与内核进行交互操作的一种接口。当用户登录 Linux 系统时,shell 就会被调入内存执行。它接收用户输入的命令,并把它送入内核去执行。

Linux 有多种 shell,其中最常用的几种是 Bourne shell(sh)、C shell(csh)和 Korn shell(ksh),三种 shell 各有优缺点。Linux 操作系统默认的 shell 是 Bourne Again shell,它是 Bourne shell 的扩展,简称 Bash。

Linux 命令包括内部命令和外部命令。内部命令是 shell 程序的一部分,其中包含一些比较简练的 Linux 系统命令。外部命令是 Linux 系统中的实用程序部分,因为实用程序的功能通常都比较强大,所以它们包含的程序量也会很大。对于一般用户来讲,不需要关心命令是内部命令还是外部命令,只要出现了 shell 提示符,就可以输入命令名称及命令所需要的参数去执行。

Linux 命令格式如下:

命令字[命令选项][命令对象]

① 命令字:即命令名称。Linux 中的命令字是唯一的。

② 命令选项:根据要实现的命令功能不同,选项的个数和内容也不相同,大多数命令选项可以组合使用。命令选项有短格式和长格式之分。短格式就是单个英文字母,选项是使用"-"符号(半角减号符)引导开始的,字母可以是大写也可以是小写,如 ls-al。长格式的命令选项使用英文单词表示,选项前用"--"(两个半角减号符)引导开始的,如--help。

③ 命令对象:通常情况可以是文件名、目录、或用户名(命令对象可以为空)。

常用的 shell 命令有 man、help、pwd、ls、touch、cat、more、less、head、tail、cd、mkdir、rmdir、cp、mv、rm、tree 等。

📖 扩展阅读

2-5:Linux 常用的 shell 命令

第3章 办公自动化

3.1 字处理软件——Word 应用实例

Word 是 Microsoft Office 系列办公软件的核心组件之一,其主要功能是文字编辑、图文混排、表格处理等。用户通过简单易用的创建、修饰、美化等工具,实现各类编排效果。

3.1.1 Word 工作界面

开始使用之前,我们先认识一下 Word 的工作界面,如图 3–1 所示。

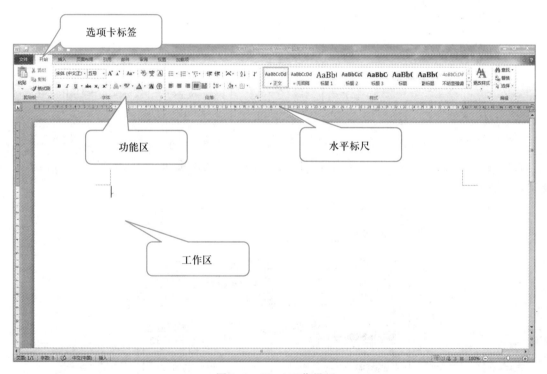

图 3–1　Word 工作界面

选项卡标签位于标题栏下方,Word 一般含有“文件”“开始”“插入”“页面布局”等 9 个选项卡,每个选项卡下又有多个功能区。各功能区中显示的是当前可用的功能图标按钮,鼠标指针在按钮上悬停便可显示功能提示。

3.1.2 文档外观美化

首先创建文档,接着在文本编辑区中输入内容,然后便可根据要求设置文档格式,美化外观。

1. 文本格式设置

设置文本格式通常包含字体、字形、字号、颜色等设置。

选择待设文本；单击"开始"选项卡中 宋体(中文正文) 右侧下三角，在下拉列表框中选择所需字体；单击 小四 右侧下三角选择相应字号；单击 **B** 按钮加粗文本、*I* 按钮倾斜文本或 U 按钮添加下划线等设置字形，如图 3-2 所示。

图 3-2 字体、字号列表框、字形选项组

若想进一步设置文本格式，可单击"字体"组对话框启动器按钮 ，打开"字体"对话框进行详细设置，如图 3-3 所示。

图 3-3 "字体"对话框

2. 段落格式设置

段落是指两个回车符之间的内容,主要包括"对齐方式""缩进""行间距""段间距"等格式设置。

选择要设置格式的整个段落,一定要包括段落最后的回车符。利用对齐按钮,进行对齐方式设置(通常有左对齐、右对齐、居中对齐和分散对齐);利用水平标尺上的缩进标记可分别进行首行缩进(每段中第一行的起始位置)、悬挂缩进(每段除第一行外其余行的起始位置)、左缩进和右缩进设置,如图 3-4 所示。设置效果如图 3-5、图 3-6 所示。

图 3-4　段落对齐按钮和缩进标记

图 3-5　段落对齐设置效果

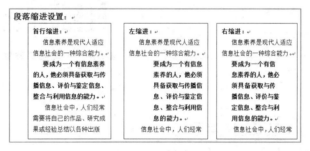

图 3-6　段落缩进设置效果

行距是指段落中两行文字之间的距离,默认为单倍行距;段间距指段落前、后空白距离的大小。单击"开始"选项卡中"段落"组的"行和段落间距"按钮 右侧下三角,在下拉列表框中选择行距,增加/减少段前或段后间距,如图 3-7 所示。间距设置效果如图 3-8 所示。

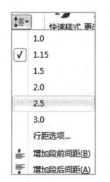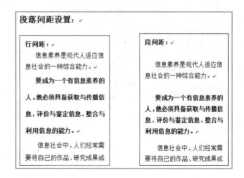

图 3-7　行距和段间距下拉列表　　　　图 3-8　段落间距设置效果

也可以单击"段落"组的对话框启动器按钮 ，打开"段落"对话框进行复杂的段落格式设置，如图3-9所示。

3. 边框和底纹设置

为了突出显示某些文本、段落，可通过"开始"选项卡中"段落"组的 按钮和 按钮设置底纹和边框，如图3-10所示。或打开"边框和底纹"对话框进行详细设置，如图3-11所示。边框和底纹设置效果如图3-12所示。

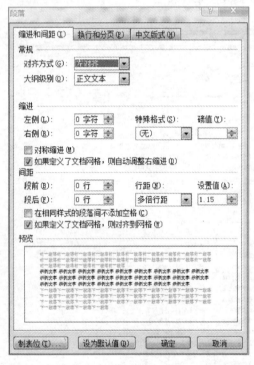

图3-9 "段落"对话框

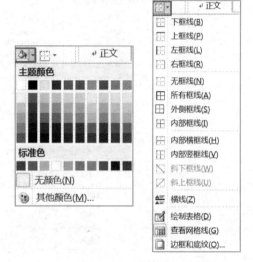

图3-10 底纹和边框下拉列表

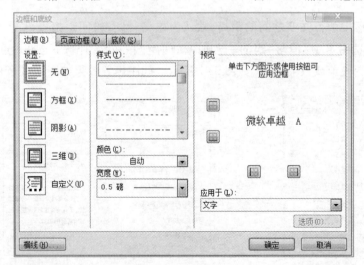

图3-11 "边框和底纹"对话框

4. 页面设置

页面设置主要包含"页边距""纸张大小""纸张方向"等设置。可在"页面布局"选项卡的"页面设置"组中单击相应功能按钮进行设置。

设置"页边距"需要分别指定上、下、左、右 4 个边距值。既可以在如图 3-13 所示的"页边距"下拉列表中选择系统预设边距,也可以在如图 3-14 所示的"页面设置"对话框的"页边距"选项卡中进行详细设置。

图 3-12　边框和底纹设置效果

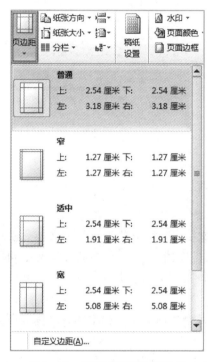

图 3-13　"页边距"下拉列表框

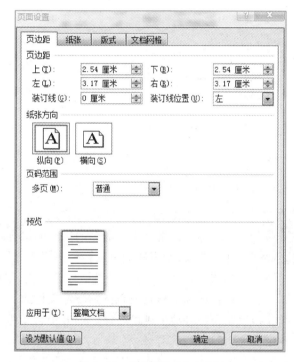

图 3-14　"页面设置"对话框

修改"纸张大小"可通过如图 3-15 所示的"纸张大小"下拉列表框,也可以在图 3-14"页面设置"对话框中单击"纸张"选项卡进行设置。

"纸张方向"是指用户可进行纸张"横向"或"纵向"的选择,操作方法如图 3-16 所示。综上所述,页面设置效果如图 3-17 所示。

3.1.3　长文档编辑与排版

在长文档的编辑排版中仅使用上述格式设置是远远不够的,一篇长文档通常包含封面、目录、正文、结论、参考文献及致谢等。其每部分的编排都有各自特色,下面以毕业论文编排为例逐一说明。

首先要熟悉样式概念,学会用样式对论文标题和正文进行排版,为后期通过引用生成目录做准备;然后熟悉分隔符(分节和分页)的概念,进而设置好页眉和页脚。

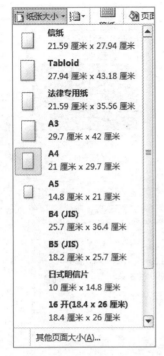

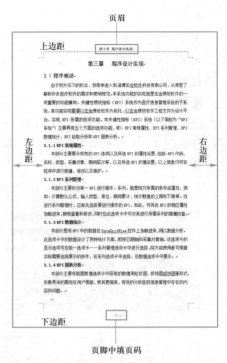

图 3-15 "纸张大小"下拉列表　图 3-16 "纸张方向"下拉列表　图 3-17 页面设置效果

微视频 3-2：
Word 样式应用

1. 样式创建与应用

样式是指一组已命名的格式的组合。文字、段落、表格和图片等文档元素均可使用样式，使用样式可以轻松快捷地统一编排文档格式，在此主要介绍文字和段落样式。Word 2010 预定义了标准样式，用户既可以直接使用标准样式，也可根据需要修改标准样式或自己重新定义样式。

长文档后期需要自动生成目录，而 Word 中自动生成目录的前提是文档中的各级标题段落使用了预定义的"标题级别"样式。

如果毕业论文的正文格式有下列要求：字体为宋体、小四；行距为 21 磅、首行缩进 2 字符，段前间距为 0.5 行。用户可以先修改已有的"正文"标准样式或创建新样式，然后对论文正文加以应用，具体步骤如下。

步骤 1：单击"开始"选项卡"样式"组的对话框启动器按钮 ，打开"样式"窗格，如图 3-18 所示。

步骤 2：单击"样式"窗格左下角的 按钮，打开"根据格式设置创建新样式"对话框，如图 3-19 所示。

步骤 3：在对话框中，进行样式"名称"命名，字符和段落格式设置，完成后单击"确定"按钮。

步骤 4：在要设置样式的任意正文段落位置单击，在"样式"组中选择"正文样式"选项即可，如图 3-20 所示。

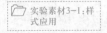

实验素材3-1：样式应用

正文样式应用前后效果如图 3-21 所示。

论文各级标题的样式应用与正文类似，效果如图 3-22 所示。

图 3-18 "样式"窗格

图 3-19 "根据格式设置创建新样式"对话框

图 3-20 "样式"组

医疗信息管理系统（Hospital Information System 简称 HIS）是一门容医学、信息、管理、计算机等多种学科为一体的边缘科学，在发达国家已经得到了广泛的应用，并创造了良好的社会效益和经济效益。而绩效管理则是医院信息管理的基础性工作。医疗信息管理系统是现代化医院运营的必要技术支撑和基础设施，实现医疗信息管理系统的目的就是为了以更现代化、科学化、规范化的手段来加强医院的管理，提高医院的工作效率，改进医疗质量，从而树立现代医院的新形象，这也是未来医院发展的必然方向。
医院绩效管理是现代医院管理工作的重要内容，是医院管理者、各部门和职工就工作目标与如何达成目标形成承诺的过程，也是管理者与职工不断交流沟通的过程。同时，工作量绩效是在落实卫生部《医院管理评价指南（试行）》要求的基础上，从医院的实际出发，以按劳绩效为主体，兼顾公平，考虑劳动质量、管理要素、技术要素等因素的影响，体现向高风险、关键岗位、优秀人才、临床一线倾斜，提高医院的社会效益和经济效益。

　　医疗信息管理系统（Hospital Information System 简称 HIS）是一门容医学、信息、管理、计算机等多种学科为一体的边缘科学，在发达国家已经得到了广泛的应用，并创造了良好的社会效益和经济效益。而绩效管理则是医院信息管理的基础性工作。医疗信息管理系统是现代化医院运营的必要技术支撑和基础设施，实现医疗信息管理系统的目的就是为了以更现代化、科学化、规范化的手段来加强医院的管理，提高医院的工作效率，改进医疗质量，从而树立现代医院的新形象，这也是未来医院发展的必然方向。

　　医院绩效管理是现代医院管理工作的重要内容，是医院管理者、各部门和职工就工作目标与如何达成目标形成承诺的过程，也是管理者与职工不断交流沟通的过程。同时，工作量绩效是在落实卫生部《医院管理评价指南（试行）》要求的基础上，从医院的实际出发，以按劳绩效为主体，兼顾公平，考虑劳动质量、管理要素、技术要素等因素的影响，体现向高风险、关键岗位、优秀人才、临床一线倾斜，提高医院的社会效益和经济效益。

图 3-21 "正文样式"应用前、后效果

2. 分节

Word 中既可以几页是一节,也可以几个段落是一节。分节的作用是针对不同节设置不同格式,如页边距、纸张大小、页眉/页脚或分栏等。

毕业论文中经常要求不同的章节中使用不同的页眉、页脚,此效果的实现首先要对论文进行分节。分节操作主要通过插入分节符实现,每插入一个分节符,表示该分节符的前后隶属于不同节。具体步骤如下。

步骤 1:将光标定位在需要插入分节符的位置。

步骤 2:单击"页面布局"选项卡中"页面设置"组的 分隔符 按钮,在如图 3-23 所示的"分节符"下拉列表中根据需要选择分节符类型。

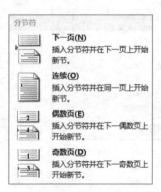

图 3-22　论文"标题样式"应用效果　　　图 3-23　"分节符"下拉列表

实验素材3-2:分节符应用

分节符类型有以下几种。

"下一页":表示插入分节符后,新节另起一页开始。

"连续":表示插入分节符后,文档连续在同一页。

"偶数页":表示插入分节符后,新节从偶数页开始。

"奇数页":表示插入分节符后,新节从奇数页开始。

论文第一章末尾插入"下一页"分节符前、后效果如图 3-24 所示(注:分节符通常是隐藏的,如果要显示插入的分节符标识,需单击"开始"选项卡"段落"组中的 按钮)。

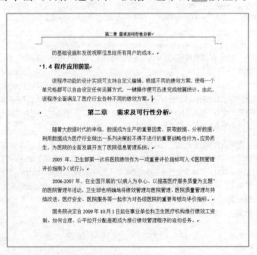

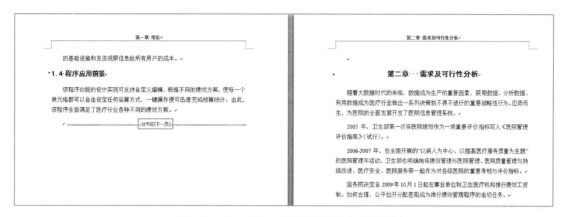

图 3-24 插入"下一页"分节符的前、后效果

3. 页眉和页脚设置

页眉和页脚是指文档中每页顶端或底端重复出现的内容。一般页面顶端信息称为页眉,底端信息称为页脚。

① 设置页眉、页脚的方法类似,以插入页眉为例,操作步骤如下。

步骤 1:单击"插入"选项卡"页眉和页脚"组中的 页眉 按钮,弹出如图 3-25 所示的"页眉"列表。

微视频 3-3:
Word 页眉页脚
及分节符设置

图 3-25 "页眉"列表

步骤 2:在列表中选择已有的"内置"页眉样式,然后在页眉编辑区中输入页眉内容即可,如图 3-26 所示。

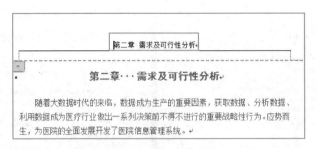

图 3-26 编辑页眉内容

步骤 3：可通过单击"转至页脚"按钮，进行页脚设置，或单击"关闭页眉页脚"按钮切换至正文编辑状态。

② 论文分节后，可以以节为单位进行个性化的页眉/页脚设置，如图 3-27 所示。操作步骤如下。

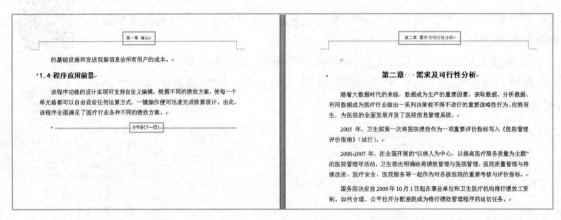

图 3-27 分节后页眉/页脚不同设置

步骤 1：在相应位置插入"下一页"分节符，然后单击插入页眉。

步骤 2：编辑页眉时，在"页眉和页脚工具/设计"选项卡中，将 链接到前一条页眉 按钮设置为不选中状态，则可取消本节与前一节页眉/页脚的链接关系。

步骤 3：取消页眉与页脚的超链接后，分别设置每节的页眉或页脚即可。

注：在"页眉和页脚工具/设计"选项卡（如图 3-28 所示），若勾选"首页不同"复选框，则可分别设置首页和其余页的页眉/页脚；若勾选"奇偶页不同"复选框，则可分别设置奇数页和偶数页的页眉/页脚。

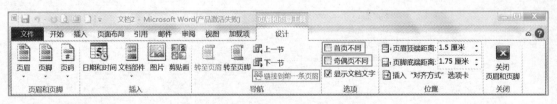

图 3-28 "页眉和页脚工具/设计"选项卡

图 3-29 "页码格式"对话框

③ 页码。页码属于页眉/页脚的一部分,既可以在页眉中插入,也可以在页脚中插入。操作步骤是,单击"插入"选项卡,在"页眉和页脚工具/设计"选项卡中单击"页码"按钮,在下拉菜单中选择插入位置及形式即可插入页码。对于已插入的页码可通过"页码格式"对话框进行更详细的设置,如图 3-29 所示。

4. 目录设置

目录由论文中的各级标题及页码组成,如图 3-30 所示。Word 可自动创建目录,操作步骤如下。

微视频 3-4: Word 生成目录

步骤 1:先将论文中需出现在目录中的各章标题、各级节标题分别设置相应的"标题样式"。

步骤 2:单击"引用"选项卡中的"目录"按钮,在如图 3-31 所示的下拉列表中,选择"插入目录"命令,打开如图 3-32 所示的"目录"对话框。

图 3-30 论文目录

图 3-31 "目录"列表

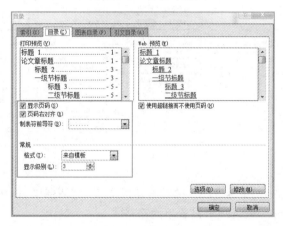

图 3-32 "目录"对话框

步骤 3:在"目录"对话框中设置目录格式及显示级别等。

注:如果文档在生成目录后进行了内容的删减或增加,这时要右击目录,从弹出的快捷菜单中选择"更新域"命令,然后在如图 3-33 所示的对话框中选中"更新整个目录"单选按钮对目录进行更新。

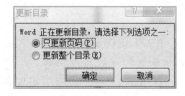

图 3-33 "更新目录"对话框

3.2 电子表格软件——Excel 应用实例

Excel 2010 是 Microsoft Office 系列办公套件重要组件之一,主要包含电子表格制作、表格数据计算、表格数据分析等功能,广泛应用于财务、人力资源管理、统计和金融等众多领域。

3.2.1 表格制作(格式修饰)

下面以制作如图 3–34 所示表格为例,介绍表格制作的基本操作。

实验素材3–3:学生成绩表

步骤 1:在各单元格中输入相应表格数据。输入数据过程中可以使用填充柄或填充序列快速填充。

步骤 2:根据要求为表格设置格式。选定待设格式内容后,右击,在如图 3–35 所示的快捷菜单中选择"设置单元格格式"命令,打开"设置单元格格式"对话框,如图 3–36 所示。

学生成绩表								
学号	姓名	性别	语文	数学	英语	总分	平均成绩	名次
0730201	梁宽	男	85.50	95.00	96.50			
0730202	郝晓楠	男	77.00	80.50	95.00			
0730203	孙倩	女	89.00	81.00	71.50			
0730204	王言旭	男	82.50	74.00	79.00			
0730205	方志和	男	92.50	88.50	89.50			
0730206	蔡恒	男	75.00	73.00	64.00			
0730207	张雯雅	女	43.00	86.50	60.50			
0730208	谢逊	男	62.00	69.50	94.50			
0730209	罗轩然	男	79.00	64.00	97.50			
0730210	杨浩	男	70.50	84.00	74.00			

图 3–34 学生成绩表

图 3–35 快捷菜单

步骤 3:在"设置单元格格式"对话框中,依次通过"数字""对齐""字体""边框""填充""保护"等选项卡设置单元格格式。

注:也可通过"开始"选项卡各组中的相应功能按钮,进行快速格式设定,如图 3–37 所示。

3.2.2 表格计算(公式使用)

Excel 2010 作为一款优秀的电子表格软件,其计算功能是非常强大的,下面讲述在 Excel 2010 中如何完成各种运算。

在 Excel 中,公式用于实现各种运算,公式一般由常量、单元格地址和函数调用等组成。当需要引用单元格中的数据时,一般使用单元格地址来引用,以便于实现公式的复制。

在 Excel 中输入公式时需要首先在活动单元格中输入"=",然后再输入计算的公式,最后按 Enter 键确认即可得到计算的结果。

图 3-36 "设置单元格格式"对话框

图 3-37 "开始"选项卡各组

如果计算有误,只要双击单元格对公式进行编辑修改并再次按 Enter 键确认即可。

1. 普通公式计算,如果计算"学生成绩表"中学生的总分。操作步骤如下。

步骤 1:单击总分所在单元格 G3。

步骤 2:输入公式"=D3+E3+F3",如图 3-38 所示。

	A	B	C	D	E	F	G	H	I
1	学生成绩表								
2	学号	姓名	性别	语文	数学	英语	总分	平均成绩	名次
3	0730201	梁宽	男	85.50	95.00	96.50	=D3+E3+F3		

图 3-38 计算第一位学生的总分公式

步骤 3:按 Enter 键,得到结果 277。

步骤 4:双击 G3 单元格右下角填充柄,求出所有学生总分,结果如图 3-39 所示。

2. 使用函数计算

在 Excel 的计算中,有时会遇到一些比较复杂的问题,使用一般的运算公式可能无法解决,此时可以考虑使用 Excel 提供的函数功能。

函数实际上是系统事先编制好的一段程序代码,每个函数都有特定的功能。作为用户,无须考虑函数的代码是如何编写的,只要按照一定的格式调用它们完成相关的计算即可。

	学生成绩表							
学号	姓名	性别	语文	数学	英语	总分	平均成绩	名次
0730201	梁宽	男	85.50	95.00	96.50	277.00		
0730202	郝晓楠	男	77.00	80.50	95.00	252.50		
0730203	孙倩	女	89.00	81.00	71.50	241.50		
0730204	王言旭	男	82.50	74.00	79.00	235.50		
0730205	方志和	男	92.50	88.50	89.50	270.50		
0730206	蔡恒	男	75.00	73.00	64.00	212.00		
0730207	张雯雅	女	43.00	86.50	60.50	190.00		
0730208	谢逊	男	62.00	69.50	94.50	226.00		
0730209	罗轩然	男	79.00	64.00	97.50	240.50		
0730210	杨浩	男	70.50	84.00	74.00	228.50		

图 3-39　使用填充柄复制公式

函数由两部分组成,函数名和函数参数,如求和函数 SUM(C3:E3),SUM 是函数名,括号中是参数。

Excel 2010 提供了财务、日期与时间、数学与三角函数等共 12 类函数,数量多达几百个,为用户进行数据运算以及数据分析带来了极大的方便。

在单元格中输入函数时,用户既可以利用如图 3-40 所示的工具按钮快速输入,也可以从如图 3-41 所示的"插入函数"对话框中查找到所需函数然后插入。

图 3-40　"公式"选项卡

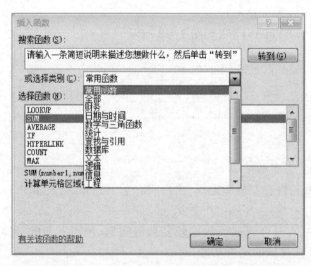

图 3-41　"插入函数"对话框

① 使用求平均值函数 AVERAGE 计算每一个学生的平均分。

【格式】 AVERAGE(number1,number2,…)

【功能】 返回其参数的算术平均值。

【参数说明】 number1,number2,…是用于计算的 1 到 255 个数值参数;参数可以是数值或包含数值的名称、数组或引用。

微视频 3-5: 用 average( )和 rank( )函数实现 Excel 数据计算

【操作步骤】

步骤 1:单击 H3 单元格,然后单击工具栏 Σ· 按钮右侧下拉三角,选中"平均值"选项即会出现如图 3-42 所示的计算公式及函数,同时看到有一个虚线框将 H3 左侧的数值单元格都框了起来,这代表当前默认的参数是 D3:G3。由于"总分"列是不需要参与运算的,所以将参数修改为 D3:F3,按 Enter 键即可看到计算结果。

	A	B	C	D	E	F	G	H	I	J
1					学生成绩表					
2	学号	姓名	性别	语文	数学	英语	总分	平均成绩	名次	
3	0730201	梁宽	男	85.50	95.00	96.50	277.00	=AVERAGE(D3:F3)		
4	0730202	郝晓楠	男	77.00	80.50	95.00	252.50	AVERAGE(**number1**, [number2], ...)		

图 3-42 AVERAGE 函数计算

步骤 2:将鼠标指针移动到 H3 单元格右下角,形状变为"+"符号,按下鼠标左键向下拖动到最后一行(或双击 H3 单元格填充柄),则所有学生平均分计算完毕,如图 3-43 所示。

	A	B	C	D	E	F	G	H	I
1					学生成绩表				
2	学号	姓名	性别	语文	数学	英语	总分	平均成绩	名次
3	0730201	梁宽	男	85.50	95.00	96.50	277.00	92.33	
4	0730202	郝晓楠	男	77.00	80.50	95.00	252.50	84.17	
5	0730203	孙倩	女	89.00	81.00	71.50	241.50	80.50	
6	0730204	王言旭	男	82.50	74.00	79.00	235.50	78.50	
7	0730205	方志和	男	92.50	88.50	89.50	270.50	90.17	
8	0730206	蔡恒	男	75.00	73.00	64.00	212.00	70.67	
9	0730207	张雯雅	女	43.00	86.50	60.50	190.00	63.33	
10	0730208	谢逊	男	62.00	69.50	94.50	226.00	75.33	
11	0730209	罗轩然	男	79.00	64.00	97.50	240.50	80.17	
12	0730210	杨浩	男	70.50	84.00	74.00	228.50	76.17	

图 3-43 自动填充平均分

公式中如果使用了单元格引用,应注意其引用方式,因为不同的引用方式会对公式复制带来影响。在 Excel 的公式中,单元格的引用有三种方式:相对引用、绝对引用和混合引用。

相对引用:相对引用是指单元格引用时会随公式所在位置的变化而变化,公式的值将会依据变化后的单元格地址的值重新计算。D3、F3 等都是相对引用。

绝对引用:绝对引用是指公式中的单元格的地址不随着公式位置的改变而发生改变。绝对引用的形式是在每一个列标及行号前都加一个 $ 符号,如 $D$3。请读者自己试一试,如果把图 3-42 中的函数参数修改为 $D$3:$F$3,然后拖动填充柄向下复制函数,结果会是什么?

混合引用:混合引用是指单元格或单元格区域的地址中既有相对引用又有绝对引用,如

$ D3:$ E3,列标是绝对引用,行号是相对引用。混合引用在复制填充时,只有相对引用的部分会自动变化,绝对引用的部分保持不变。

② 使用函数 RANK 排名次,在 Excel 2010 中排名次函数是 RANK. EQ。详见微视频 3-5。

【格式】 RANK. EQ(number, ref,[order])

【功能】 返回一个数字在数字列表中的排位。

【参数说明】

number:待排位的数字。

ref:数字列表数组或对数字列表的引用,即 number 在哪个范围内求排位。

order:可选。指明数字排位的方式,如果 order 为 0 或省略,按照降序排列;如果 order 非零,按照升序排列。

【操作步骤】

步骤 1:单击 I 3 单元格,输入公式"= RANK. EQ(G3,$ G $ 3:$ G $ 13,0)",如图 3-44 所示,然后按 Enter 键计算出第一个名次值。

	A	B	C	D	E	F	G	H	I	J	K
1	学生成绩表										
2	学号	姓名	性别	语文	数学	英语	总分	平均成绩	名次		
3	0730201	梁宽	男	85.50	95.00	96.50	277.00	92.33	=RANK.EQ(G3,$G$3:$G$13,0)		
4	0730202	郝晓楠	男	77.00	80.50	95.00	252.50	84.17			
5	0730203	孙倩	女	89.00	81.00	71.50	241.50	80.50			
6	0730204	王言旭	男	82.50	74.00	79.00	235.50	78.50			
7	0730205	方志和	男	92.50	88.50	89.50	270.50	90.17			
8	0730206	蔡恒	男	75.00	73.00	64.00	212.00	70.67			
9	0730207	张雯雅	女	43.00	86.50	60.50	190.00	63.33			
10	0730208	谢逊	男	62.00	69.50	94.50	226.00	75.33			
11	0730209	罗轩然	男	79.00	64.00	97.50	240.50	80.17			
12	0730210	杨浩	男	70.50	84.00	74.00	228.50	76.17			

图 3-44 RANK. EQ 函数

步骤 2:单击 I 3 单元格,双击其右下角的填充柄,实现其余学生名次的快速填充,结果如图 3-45 所示。

I3			fx	=RANK.EQ(G3,$G$3:$G$13,0)					
	A	B	C	D	E	F	G	H	I
1	学生成绩表								
2	学号	姓名	性别	语文	数学	英语	总分	平均成绩	名次
3	0730201	梁宽	男	85.50	95.00	96.50	277.00	92.33	1
4	0730202	郝晓楠	男	77.00	80.50	95.00	252.50	84.17	3
5	0730203	孙倩	女	89.00	81.00	71.50	241.50	80.50	4
6	0730204	王言旭	男	82.50	74.00	79.00	235.50	78.50	6
7	0730205	方志和	男	92.50	88.50	89.50	270.50	90.17	2
8	0730206	蔡恒	男	75.00	73.00	64.00	212.00	70.67	9
9	0730207	张雯雅	女	43.00	86.50	60.50	190.00	63.33	11
10	0730208	谢逊	男	62.00	69.50	94.50	226.00	75.33	8
11	0730209	罗轩然	男	79.00	64.00	97.50	240.50	80.17	5
12	0730210	杨浩	男	70.50	84.00	74.00	228.50	76.17	7

图 3-45 使用填充柄快速填充

请读者思考一下,如果在步骤 1 中,将 RANK. EQ 函数的第二个参数 \$ G \$ 3 : \$ G \$ 13 换成 G3 : G13,然后使用填充柄进行公式复制,结果会怎样?

③ 使用函数 COUNTIF,实现按平均分统计优秀人数。

【格式】 COUNTIF(range, criteria)

【功能】 对区域中满足单个指定条件的单元格进行计数,即按条件统计单元格的数目。

【参数说明】

range:要对其进行计数的一个或多个单元格,其中包括数字或名称、数组或包含数字的引用,即计数的范围。空值和文本值将被忽略。

criteria:用于计数的统计条件,可以是数字表达式、单元格引用或文本字符串等。例如,条件可以表示为 32、">32"、B4、"苹果"或"32"。

注:条件不区分大小写。例如,字符串" apples" 和字符串"APPLES"将匹配相同的单元格。

【操作步骤】

步骤 1:单击 K4 单元格,输入" = COUNTIF(H3 : H13," > = 90")",如图 3-46 所示。

步骤 2:按 Enter 键,结果如图 3-47 所示。

图 3-46 COUNTIF 条件统计 图 3-47 统计结果

④ 查找与引用类函数。查找与引用类函数主要用于表格相关内容的查找及引用,常用函数有 LOOKUP、VLOOKUP、HLOOKUP 等,其中最常用的是 VLOOKUP,下面来看一下它的语法。

微视频 3-6:
用 VLOOKUP( )
函数实现 Excel
数据计算及公式
和函数的总结

【格式】 VLOOKUP(lookup_value, table_array, col_index_num, [range_lookup])

【功能】 搜索某个单元格区域的第一列,然后返回该区域相同行上对应单元格中的值。

【参数说明】

lookup_value:要在表格或区域的第一列中搜索的值。lookup_value 参数可以是值或引用。也就是:查找谁?

table_array:包含数据的单元格区域。区域中的值可以是文本、数字或逻辑值,文本不区分大小写。也就是在哪个范围查?

col_index_num:table_array 参数中需要返回的匹配值的列号。例如,col_index_num 参数为 1 时,返回 table_array 第一列中的值。

range_lookup:是一个逻辑值,指定希望 VLOOKUP 查找精确匹配值还是近似匹配值。当 range_lookup 为 TRUE 或被省略时,若有精确匹配值则返回精确匹配值,否则返回近似匹配值,此时必须按升序排列 table_array 第一列中的值。当 range_lookup 参数为 FALSE 时,VLOOKUP 将只查找第一个精确匹配值。

通过以下实例说明 VLOOKUP 函数的使用。

如图 3-48 所示,要实现的功能是,在 J4 单元格中输入学号,在 K4 单元格中显示该学生的名次。这里的名次值需要从 H 列中查找得到。

图 3-48　VLOOKUP 函数使用效果

【操作步骤】

步骤 1:在 K4 单元格中输入公式" =VLOOKUP(J4,A3:H13,8,FALSE)",如图 3-49 所示。

步骤 2:按 Enter 键,结果如图 3-48 所示。此时,只要更改 J4 单元格中的学号值,K4 中名次值也会根据左侧成绩表中信息发生相应变化。

图 3-49　VLOOKUP 函数应用

⑤ 逻辑函数。逻辑函数主要用来表达一些逻辑判断,此处只介绍最常用的 IF 函数。

【格式】　IF(logical_test,value_if_true,value_if_false)

【功能】　如果条件 logical_test 的计算结果为 TRUE,IF 函数将返回 value_if_true 值;否则返回 value_if_false 值。

【参数说明】

logical_test:计算结果可能为 TRUE 或 FALSE 的任意值或表达式。

如图 3-50 所示,D 列的体育等级数据是根据体育得分计算所得,得分 >= 90 的为优秀,得分 <90 并且 >= 80 的为良好,得分 <80 并且 >= 70 的为中等,得分 <70 并且 >= 60 的为及格。要实现这个功能,只需在 D2 单元格中输入公式" = IF(C2 >= 90,"优

图 3-50　IF 函数的使用

秀",IF(C2>=80,"良好",IF(C2>=70,"中等",IF(C2>=60,"及格","不及格")))))"即可。这里包含了 4 个嵌套的 IF 函数,请读者仔细分析。

3.2.3 表格数据处理

1. 数据排序

对数据进行排序是数据分析不可缺少的组成部分。在 Excel 2010 中可以对一列或多列中的数据按文本、数字以及日期和时间进行排序。排序操作通常都是按列排序,当然也可以按行进行排序。具体步骤如下。

步骤 1:单击待排序的某列数据中的任一单元格。

步骤 2:在"数据"选项卡的"排序和筛选"组中,单击 ![升序] 按钮升序排序;或单击 ![降序] 按钮降序排序。此时只按某列值升序或降序排列,若需按照多个关键字排序,则单击 ![排序] 按钮,打开"排序"对话框,如图 3-51 所示,逐一设置排序的主要关键字和次要关键字等信息。

图 3-51 "排序"对话框

2. 数据筛选

数据筛选是从数据清单中选出满足条件的数据。执行筛选后,结果只包含满足条件的数据行,不满足条件的数据被隐藏;一旦撤销筛选条件,被隐藏的数据会重新显示。筛选分为自动筛选和高级筛选,此处详细介绍一下自动筛选。

在图 3-52 所示的表格中,筛选平均分高于 80 并且数学分数高于 90 的学生信息,其筛选步骤如下。

步骤 1:单击数据区域中的任意一个单元格。

步骤 2:在"数据"选项卡上的"排序和筛选"组中,单击"筛选"按钮,进入自动筛选状态,此时每列的列标题右侧都出现向下箭头,如图 3-52 所示。

学号	姓名	性别	语文	数学	英语	总分	平均成绩	名次
0730206	蔡恒	男	75.00	73.00	64.00	212.00	70.67	9
0730208	谢逊	男	62.00	69.50	94.50	226.00	75.33	8
0730210	杨浩	男	70.50	84.00	74.00	228.50	76.17	7
0730204	王言旭	男	82.50	74.00	79.00	235.50	78.50	6

图 3-52 自动筛选

步骤 3：单击"平均分"右侧三角，在弹出的下拉列表中选择"数字筛选"→"大于"命令，如图 3-53 所示。

图 3-53 "自动筛选"下拉列表

步骤 4：在打开的如图 3-54 所示的对话框中，输入 80，单击"确定"按钮。

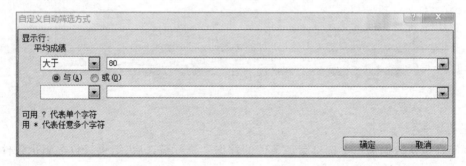

图 3-54 "自定义自动筛选方式"对话框

步骤 5：使用同样的方法，设置"数学"筛选条件，最后筛选结果如图 3-55 所示。

	学生成绩表							
学号	姓名	性别	语文	数学	英语	总分	平均成绩	名次
0730201	梁宽	男	85.50	95.00	96.50	277.00	92.33	1

图 3-55 筛选结果

实验素材3-4：
Excel分类汇总
（学生成绩单）

3. 数据分类汇总

分类汇总是把数据清单中的数据分门别类地进行统计处理。在分类汇总中，Excel 可以按类别对数据进行求和、求平均值等多种计算，并且把汇总结果清晰地显示出来。

下面以学生成绩表中按班级汇总人数为例说明分类汇总的使用方法。

步骤1:以班级为关键字进行排序。分类汇总之前,必须按关键字进行排序。

步骤2:按班级进行分类汇总。在"数据"选项卡的"分级显示"组中,单击"分类汇总"按钮,打开"分类汇总"对话框,对分类字段、汇总方式、选定汇总项等进行设置,如图3-56所示。

微视频3-7:
Excel 分类汇总
(嵌套分类汇总)

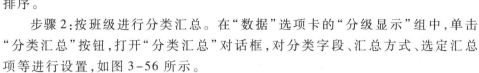

图3-56 "分类汇总"对话框

步骤3:单击"确定"按钮,出现如图3-57所示的结果,可以单击窗口中左侧目录结构中的按钮 1、2、3 进行查看。

学号	姓名	性别	班级	语文	数学	英语	平均成绩	名次
					学成成绩表			
730201	梁宽	男	1班	85.50	95.00	96.50	92.33	1
730205	方志和	男	1班	92.50	44.00	77.00	71.17	6
730207	张雯雅	女	1班	43.00	70.00	60.50	57.83	9
		1班 计数	3					
730209	罗轩然	男	2班	79.00	64.00	97.50	80.17	4
730202	郝晓楠	女	2班	77.00	80.50	95.00	84.17	3
730203	孙倩	女	2班	89.00	81.00	87.00	85.67	2
		2班 计数	3					
730204	王言旭	男	3班	54.00	74.00	45.00	57.67	10
730208	谢逊	男	3班	62.00	69.50	39.00	56.83	11
730210	杨洁	男	3班	70.50	84.00	74.00	76.17	5
730206	禁萍	女	3班	75.00	65.00	64.00	68.00	7
730211	李韵芹	女	3班	67.00	73.00	61.00	67.00	8
		3班 计数	5					
		总计数	11					

图3-57 分类汇总结果

3.3 演示文稿软件——PowerPoint 应用实例

PowerPoint 2010 是 Microsoft Office 2010 办公套件的一个重要组件,是一款功能丰富、使用简洁的演示文稿制作软件,广泛应用于学术报告、答辩演示、产品展示、工作汇报等场合。

3.3.1 演示文稿内容逻辑层次设置

通常一份演示文稿可以包含若干张幻灯片,每张幻灯片中又可以包括文字、图形、图像、声音、视频等内容。各幻灯片可以使用不同版式以符合所展示内容的特点。幻灯片中的主题设计、背景、格式设置等既可以通过应用幻灯片内置主题和母版设置实现,也可通过功能菜单自主设置实现。

演示文稿添加内容及格式设置,如图 3-58 所示。

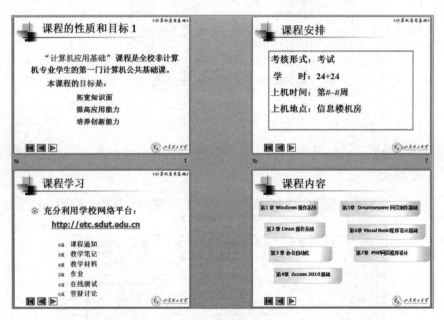

图 3-58 演示文稿内容格式设置效果

步骤 1:创建演示文稿文件,添加幻灯片。

步骤 2:在每张幻灯片中添加内容,包括文本、表格、艺术字、图片等元素。

步骤 3:设置幻灯片外观。可以通用应用主题方法、设置背景、使用幻灯片母版或自主设置。

注:

① 主题:PowerPoint 提供了大量的内置主题,如图 3-59 所示。主题选定后可确定幻灯片的整个格式,包括幻灯片背景、字体颜色大小、制表符位置等。

② 背景:相当于幻灯片的底纹,如果不喜欢应用主题的背景,可以通过"设计"选项卡"背景"组中的"背景样式"按钮重新设置,如图 3-59 所示。

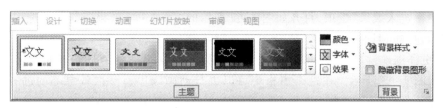

图 3-59 "设计"选项卡

③ 母版:用于统一演示文稿中幻灯片的外观和格式,分为幻灯片母版、讲义母版和备注母板三种(如图 3-60 所示),分别用来控制幻灯片、标题幻灯片、讲义和备注的格式。

图 3-60 "视图"选项卡

3.3.2 演示文稿动画效果设置

1. 自定义动画

幻灯片上的文本、图形、表格等各种对象均可添加动画效果,用以突出重点,控制顺序及增加动态效果等。PowerPoint 2010 中提供了 4 种动画,分别是进入、退出、强调、动作路径,如图 3-61 所示。

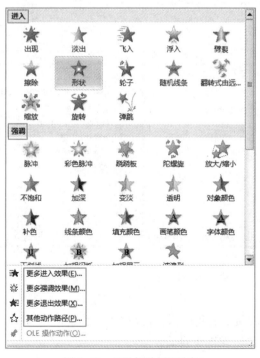

图 3-61 "添加动画"列表

单击"更多进入效果"选项,打开如图 3-62 所示的"添加进入效果"对话框,选中相应动画效果后单击"确定"按钮即可。

如果想更详细地设置动画,可以单击"动画"选项卡"高级动画"组的"动画窗格"按钮,打开动画窗格,如图 3-63 所示。在这个窗格中可以进行动画顺序、计时、效果等的进一步设置,如图 3-64 所示。

图 3-62   "添加进入效果"对话框

图 3-63   动画窗格

图 3-64   动画"效果"和"计时"选项卡

2. 幻灯片切换效果

幻灯片切换是指在播放演示文稿时,幻灯片移入和移出时的方式,即幻灯片间动画。通常幻灯片切换效果在"幻灯片浏览"视图下设置。

具体操作步骤如下。

步骤 1:选择"切换"选项卡,如图 3-65 所示。

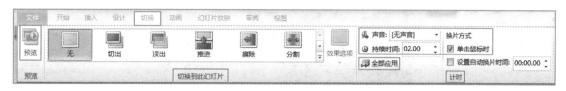

图 3-65 "切换"选项卡

步骤 2:选中需设置切换方式的幻灯片。

步骤 3:在"切换到此幻灯片"组中选择切换方式,同时在"计时"组中进行速度、时间、换片方式等设置。如果单击"全部应用"按钮,则切换效果对所有幻灯片起作用。

实 验 指 导

实验一 文字处理基本操作

实验目的:

1. 掌握文档格式设置方法。

2. 掌握页面设置方法。

3. 掌握页眉/页脚及页码设置方法。

实验要求:

1. 下载并打开"桃花心木.docx"文档,然后按下列要求排版。

实验素材3-5:实验一桃花心木

① 设置页面的左右边距为 2.5 厘米,上下边距为 2 厘米。

② 添加文章标题"桃花心木",并设置为居中、红色、黑体、加粗、三号字。

③ 正文各段落设置为首行缩进两个字符,四号字、楷体;行间距设置为 25 磅,段后间距设置为 0.5 行。

④ 将正文中所有"桃花心木"设为绿色并加粗。

⑤ 文章中插入合适的图片,设置图片效果(选择紧密映像)并设置图文混排。

⑥ 为"种树人的一番话……"开始的段落添加着重号。

⑦ 将正文第 3 段至第 5 段设置分栏(两栏)并添加分隔线,然后对分栏段落设置茶色底纹和蓝色边框。

⑧ 插入页眉,奇数页为"林清玄散文欣赏",偶数页为"桃花心木"并居中显示;插入页码,以"-1-"格式居中显示。

⑨ 添加文字水印,水印文字为"桃花心木"(提示:通过"页面布局"选项卡实现)。

⑩ 保存文档。

2. 绘制如图 3-66 所示表格,并填充相应信息,完成后以"个人简历.docx"命名。

个人简历

姓 名		性 别		民 族		
出生年月		籍 贯		政治面貌		照 片
学 院						
专 业			班 级			
宿 舍			联系电话			
兴趣爱好						
任职情况						

本人简历	时 间	学 校	证 明

奖罚情况	

图 3-66 个人简历

实验二 电子表格基本操作

实验目的：

1. 熟练掌握电子表格的制作方法。

2. 熟练掌握格式的设置方法。

3. 熟练掌握使用公式和函数计算的方法。

实验要求：

1. 下载并打开"职工工资表.xlsx"，完成以下操作。

实验素材3-6；实验二职工工资表

① 对工作表按要求进行格式化。

a. 将表格标题文字设置为楷体、16 号字，合并居中。

b. 将表格内文字设置为宋体、14 号，标题行设置为橙色背景；表中数字居中并斜体显示。

c. 表格设置框线：单元格内边框设置为细点划线，外边框设置为实线；表格设置行高为 30。

完成效果如图 3-67 所示。

② 计算应发工资、会费和实发工资，计算结果保留 2 位小数。（会费按基本工资的 5‰缴纳，应发工资扣除会费后是实发工资。）

③ 计算基本工资、奖金、应发工资的平均值。

④ 用 IF 函数统计缴税否，当应发工资超过 5 000 元时显示"是"，否则显示"否"。

完成效果如图 3-68 所示。

图 3-67 职工工资表 1

图 3-68 职工工资表 2

2. 下载并打开"销售记录表.xlsx",完成以下操作。

① 计算所有商品的销售额(销售额=数量×单价);在不改变原有数据顺序的情况下,按销售额给出销售额排名(推荐使用 rank( )函数)。

② 在表格右侧制作记录查询模块,如图 3-69 所示。

图 3-69 销售记录表 1

③ 利用 VLOOKUP( )函数实现在 J2 单元格输入编号时,目标单元格(J3、J4、J5、J6、J7、J8)自动获取表格对应单元格的信息,如图 3-70 所示。

销售记录表								商品查询:	
编号	商品名称	单位	数量	单价	销售额	销售额排名		编号	s09001
s09001	物料1	袋	200	¥95.40	¥19,080.00	2		名称	物料1
s09002	物料2	袋	150	¥80.50	¥12,075.00	7		单位	袋
s09003	物料3	袋	110	¥81.00	¥8,910.00	10		数量	200
s09004	物料4	袋	180	¥74.00	¥13,320.00	4		单价	¥95.40
s09005	物料5	袋	250	¥88.50	¥22,125.00	1		销售额	¥19,080.00
s09006	物料6	袋	150	¥73.40	¥11,010.00	8		销售额排名	2
s09007	物料7	袋	110	¥86.50	¥9,515.00	9			
s09008	物料8	袋	180	¥69.50	¥12,510.00	6			
s09009	物料9	袋	250	¥64.80	¥16,200.00	3			
s09010	物料10	袋	150	¥84.00	¥12,600.00	5			
s09011	物料11	袋	110	¥73.20	¥8,052.00	11			

图 3-70　销售记录表 2

④ 选取商品名称和销售额制作如图 3-71 所示图表(在图表中显示数据所占比例)。

图 3-71　销售记录表 3

3. 完成后保存"职工工资表 . xlsx"和"销售记录表 . xlsx"文件。

实验三　演示文稿基本操作

实验目的:

1. 掌握 PowerPoint 中添加各种元素的方法。

2. 掌握 PowerPoint 外观设置的方法。

3. 掌握 PowerPoint 动画设置的方法。

实验要求:

1. 设计与制作一个自我介绍演示文稿。

要求:突出自己个性,反映自己所长。设置标题幻灯片,并使用模板或母版、外观美化、交互效果(超链接)、动态效果(对象动画、幻灯片切换)等。

2. 设计与制作一个家乡景点介绍演示文稿。

要求:选有代表性的景点,动态展示景点的美。技术上要求:设置背景,使用多媒体素材(文本、图形、图像、动画、视频素材等)并美化外观,设置素材动画,设置幻灯片切换效果等。

3. 演示文稿文件至少包含5张幻灯片。

<h2 style="text-align:center">实验四 文字处理综合实验</h2>

实验目的:

1. 掌握页面设置方法。

2. 掌握样式设置方法。

3. 掌握分页与分节设置方法。

4. 掌握目录设置方法。

实验要求:

1. 打开"2018北京政府统计工作年报.docx",然后按下列要求进行排版。

① 将文档"本报告……电子邮箱"中的西文空格全部删除。

② 进行页面设置:纸张大小设为B4,上、下边距为3 cm,左、右边距为2.5 cm。

③ 利用文档前三行内容制作一个封面,令其独占一页,如图3-72所示。

④ 将标题"(三)咨询情况"下用蓝色标出的段落部分转换为表格,为表格套用样式使其更加美观。基于该表格数据,在表格下方插入一个饼图,用于反映各种咨询形式所占比例,要求在饼图中仅显示百分比,如图3-73所示。

图3-72 封面

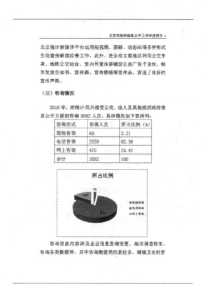

图3-73 表格及图表

⑤ 将文档中所有以"一""二"……开头的段落设为"标题1"样式;以"(一)""(二)"……开头的段落设为"标题2"样式;以"1""2"……开头的段落设为"标题3"样式。

⑥ 为正文第3段中用红色标出的文字"市统计局官方网站"添加超链接,链接到"北京统计局"官方网站,网站请通过百度搜索。

⑦ 在封面页和正文之间插入目录,目录要求包含第1~3级及对应页号。目录单独占一页,如图3-74所示。

⑧ 除封面页和目录页外,在正文页上添加页眉,内容为文档标题"北京市政府信息公开工作年度报告"和页码,要求正文页码从第一页开始,其中奇数页眉居右显示,页码在标题右侧,偶数页眉居左显示,页码在标题左侧,如图3-75所示。

⑨ 将完成排版的文档以Word格式及原名保存,然后再生成一份同名的PDF格式文档进行保存。

图 3-74 目录

本报告根据《中华人民共和国政府信息公开条例》（以下简称《条例》）和《北京市政府信息公开规定》（以下简称《规定》）要求,由北京市统计局（以下简称市统计局）编制。

全文包括 2018 年市统计局落实《北京市 2018 年政务公开工作要点》,本部门组织机构、制度建设、渠道场所、教育培训、存在的不足、改进措施、主动公开、依申请公开、行政复议以及提起行政诉讼等工作情况。

本报告所列数据的统计期限自 2018 年 1 月 1 日起,至 2018 年 12 月 31 日止。本报告的电子版可在市统计局官方网站下载。如对本报告有任何疑问,请联系:北京市统计资料管理中心（地址:北京市西城区槐柏树街 2 号 4 号楼;邮编: 100053; 联系电话: 83172556; 电子邮箱: tjgk@bjstats.gov.cn）。

一、基本情况

（一）严格落实《北京市 2018 年政务公开工作要点》

市统计局根据市政府《关于全面推进政务公开工作的实施意见》以及《北京市2018年政务公开工作要点》的具体要求,结合市统计局2018年重点工作,制发了《北京市统计局2018年政务公开工作要点及任务分工方案》并在官方网站主动公开。该方案细化了市政府2018年政务公开工作要点,以推进决策公开、执行公开、结果公开、管理公开、服务公开为导向,加强政策解读、回应社会关切、扩大公众参与,增

强公开时效,深化政务公开制度建设,创新公开理念,充分发挥公开促落实、促规范、促服务的作用。

（二）组织机构、制度建设情况

1.促进政府信息公开工作制度化

市统计局信息公开前依法依规严格审查,完善信息源头管理机制。修订《北京市统计局政府信息和政务公开工作管理规定》等政务公开制度,促进公开工作的制度化、规范化,更好地为公众服务。

2.重视政务公开队伍能力建设

主要领导多次听取政务公开工作汇报,主持召开局长办公会议,就北京市第四次全国经济普查工作进展情况、做好普查宣传月、北京统计开放日等工作进行讨论研究,解决政务公开工作难点问题,推进政务公开工作。2018年,市统计局配备了4名专职信息公开员,32名兼职信息公开员。

（三）渠道场所

市统计局以"服务为民"为工作原则,根据市政府统一要求,以官方网站、政府信息公开室为主要信息公开平台,结合统计公报、新闻发布会、报刊、广播、电视、官方微博、微信等多种形式做好政府信息公开工作。

图 3-75 页眉设置

实验素材3-9:实验四成绩通知单

实验素材3-10:实验四学生成绩

2. 利用邮件合并功能制作成绩通知单

利用"邮件合并"功能,按"成绩通知单.docx"文件格式,为"学生成绩.xlsx"表中的每位学生制作成绩通知单,如图3-76所示,并保存文件。

图 3-76 成绩通知单

实验五 Excel 综合实验

实验目的:

1. 掌握复杂格式的设置方法。

2. 掌握公式函数的使用方法。

3. 掌握嵌套分类汇总的设置方法。

实验内容:

1. 打开名为"Excel. xlsx"的销售数据报表,按如下要求完成统计和分析工作。

实验素材3-11:实验五销售数据报表

① 对"订单明细"工作表进行格式调整,自定义格式将所有的销售记录调整为一致的外观格式,并将"单价"列和"小计"列所包含的单元格调整为"会计专用(人民币)"数字格式。

② 根据图书编号,请在"订单明细"工作表的"图书名称"列和"单价"列中,使用 VLOOKUP 函数完成"图书名称"和"单价"的自动填充。(注:"图书名称""图书单价"和"图书编号"的对应关系在"编号对照"工作表中。)

③ 在"订单明细"工作表的"小计"列中,计算每笔订单的销售额。

④ 根据"订单明细"工作表的销售数据,统计所有订单的总销售额,并将其填写在"统计报告"工作表的 B3 单元格中(注:使用 SUM 函数)。

⑤ 根据"订单明细"工作表中的销售数据,统计《MS Office 高级应用》图书在 2019 年的总销售额,并将其填写在"统计报告"工作表的 B4 单元格中(注:可以使用 SUMIFS 函数)。

⑥ 在"订单明细"工作表中,对不同书店的不同图书的销售数量进行分类汇总,如图 3-77 所示(使用嵌套分类汇总)。

2. 中国国家统计局每 10 年进行一次全国人口普查,以掌握全国人口的增长速度及规模。请按下列要求完成对第五次、第六次人口普查数据的统计分析。

① 新建一个空白 Excel 文档,将 Sheet1 工作表更名为"第五次普查数据",将 Sheet2 工作表更名为"第六次普查数据",并将该文档以"全国人口普查数据分析 . xlsx"为文件名保存。

实验素材3-12：实验五第五次全国人口普查公报

② 打开网页文件"第五次全国人口普查公报.htm"，将其中的"2000年第五次全国人口普查主要数据"表格存入到上题中的"第五次普查数据"工作表；打开网页文件"第六次全国人口普查公报.htm"，将其中的"2010年第六次全国人口普查主要数据"表格存入到上题中的"第六次普查数据"工作表中。

实验素材3-13：实验五第六次全国人口普查公报

③ 对两个工作表进行格式设定，要求至少有边框，奇偶行不同底纹，且人口数列的数字格式设为带千分位分隔符的整数。

④ 将两个工作表内容合并，并将合并后的内容放置在以"比较数据"为名的新工作表中。进行格式设置，以便阅读。

实验素材3-14：实验五统计指标

⑤ 在"比较数据"工作表的数据区域的最右列依次增加"人口增长数"和"比重变化"两列，并计算两列数值（其中：人口增长数 = 2010 年人口数 − 2000 年人口数；比重变化 = 2010 年比重 − 2000 年比重）。

	A	B	C	D	E	F	G	H
1	销售订单明细表							
2	订单编号	日期	书店名称	图书编号	图书名称	单价	销量(本)	小计
132					《嵌入式系统开发技术》 汇总		179	
147					《软件测试技术》 汇总		381	
156					《软件工程》 汇总		247	
171					《数据库技术》 汇总		396	
179					《数据库原理》 汇总		237	
187					《网络技术》 汇总		177	
199					《信息安全技术》 汇总		289	
200			博达书店 汇总				4733	
215					《Access数据库程序设计》 汇总		476	
237					《C语言程序设计》 汇总		446	
249					《Java语言程序设计》 汇总		357	
264					《MS Office高级应用》 汇总		350	
274					《MySQL数据库程序设计》 汇总		206	
290					《VB语言程序设计》 汇总		357	
302					《操作系统原理》 汇总		280	
316					《计算机基础及MS Office应用》 汇总		391	
343					《计算机基础及Photoshop应用》 汇总		675	
365					《计算机组成与接口》 汇总		621	
378					《嵌入式系统开发技术》 汇总		269	
401					《软件测试技术》 汇总		500	
417					《软件工程》 汇总		383	
443					《数据库技术》 汇总		626	
465					《数据库原理》 汇总		539	
475					《网络技术》 汇总		186	
490					《信息安全技术》 汇总		385	
491			鼎盛书店 汇总				7047	
498					《Access数据库程序设计》 汇总		101	
510					《C语言程序设计》 汇总		348	
519					《Java语言程序设计》 汇总		242	
531					《MS Office高级应用》 汇总		295	
543					《MySQL数据库程序设计》 汇总		297	
553					《VB语言程序设计》 汇总		253	
565					《操作系统原理》 汇总		214	
577					《计算机基础及MS Office应用》 汇总		278	
591					《计算机基础及Photoshop应用》 汇总		405	
605					《计算机组成与接口》 汇总		419	
614					《嵌入式系统开发技术》 汇总		281	
630					《软件测试技术》 汇总		435	
643					《软件工程》 汇总		275	
656					《数据库技术》 汇总		293	
665					《数据库原理》 汇总		215	
677					《网络技术》 汇总		315	
689					《信息安全技术》 汇总		318	
690			隆华书店 汇总				4984	
691			总计				16764	

图 3-77 嵌套分类汇总

⑥ 打开"统计指标.xlsx"工作簿，将"统计数据"工作表插入到"全国人口普查数据分析.xlsx"中"比较数据"工作表的右侧，并在相应单元格内填入统计数据。

3. 最后保存"Excel.xlsx"和"全国人口普查数据分析.xlsx"两个文件。

实验六　演示文稿综合实验

实验目的:

1. 掌握演示文稿外观格式的设置方法。
2. 掌握演示文稿动画和幻灯片切换的设置方法。
3. 掌握演示文稿超链接设置和组织结构图的应用方法。
4. 掌握演示文稿的主题和母版的应用方法。

实验内容:

根据"PPT素材.docx"文件中的文字、图片设计制作演示文稿,并命名为"云计算.pptx",具体操作要求如下。

① 将 Word 素材文件中每个矩形框内的文字和图片设计为一张幻灯片,并为演示文稿插入幻灯片编号,与素材中矩形框前序号相一致。

> 实验素材3-15:实验六PPT素材

② 第1张幻灯片作为标题页,标题为"云计算简介",将其设为艺术字(样式自定),并在标题页中添加制作日期和制作者。

③ 幻灯片版式不少于3种,并为演示文稿设置合适的主题。

④ 为第2张幻灯片的每项内容添加超链接,单击时转到相应幻灯片。

⑤ 第5张幻灯片采用SmartArt图形中的组织结构图来表示,最上级内容为"云计算的五个主要特征",其下级依次为具体的5个特征。

⑥ 除标题幻灯片外,利用"幻灯片母版"为每张幻灯片添加两个动作按钮,实现单击时分别链接到"上一张幻灯片"和"下一张幻灯片"的效果。

⑦ 为每张幻灯片中的对象设置动画效果,并设置3种以上幻灯片切换方式,以丰富放映效果。

⑧ 保存"云计算.pptx"文件。

习　题

一、判断题

1. Word中"查找"命令只能查找字符串,不能查找格式。　　　　　　　　　(　　)
2. Word中使用"页面设置"命令可以指定每页的行数。　　　　　　　　　(　　)
3. Word中如果用鼠标选择一整段,则只要在段内任意位置单击三次即可。　(　　)
4. 在Word中,将整篇文档的内容全部选中,可以使用的快捷键是Ctrl+V。　(　　)
5. 在Word中,表格底纹设置只能设置整个表格底纹,不能对单个单元格进行底纹设置。　　　　　　　　　　　　　　　　　　　　　　　　　　　　(　　)
6. Excel中不能进行超链接设置。　　　　　　　　　　　　　　　　　　(　　)
7. Excel中,单元格中的数据可进行水平方向的对齐,不可以进行垂直方向的对齐。(　　)
8. PowerPoint可以为同一个演示文稿中的不同幻灯片应用不同的设计模板。(　　)
9. 在Word的分栏操作中,只能等栏宽分栏。　　　　　　　　　　　　　(　　)

10. 在 Excel 中输入公式或函数时,必须以等号 " = " 开始。 （ ）

二、选择题

1. 在 Word 中,如果要选定较长的文档内容,可先将光标定位于其起始位置,再按住(）键,单击其结束位置即可。

A. Ctrl B. Alt C. Shift D. Tab

2. Word 的特点描述正确的是(）。

A. 一定要通过"打印预览"命令才能看到打印出来的效果

B. 即点即输

C. 无法检查英文拼写及语法错误

D. 不能进行图文混排

3. Word 是(）。

A. 硬件 B. 字处理软件 C. 操作系统 D. 系统软件

4. 在 Word 中,各级标题层次分明的是(）。

A. 草稿视图 B. Web 版式视图 C. 页面视图 D. 大纲视图

5. 在 Word 中,不缩进段落的第一行,而缩进其余的行,是指(）。

A. 左缩进 B. 右缩进 C. 首行缩进 D. 悬挂缩进

6. 在 Word 中,(）可以把预先定义好的多种格式的集合全部应用在选定的文字上。

A. 样式 B. 项目符号 C. 母版 D. 格式

7. Word 中如果双击页面左侧的选定栏,就选择(）文本内容。

A. 多行 B. 一行 C. 一段 D. 一页

8. 以下关于 Word 使用的叙述中,正确的是(）。

A. 被隐藏的文字可以打印出来

B. 双击"格式刷"按钮可以复制一次

C. 直接单击"右对齐"按钮而不用选定,就可以对插入点所在行进行设置

D. 若选定文本后,单击"粗体"按钮,则选定部分文字全部变成粗体

9. 下列有关 Word 格式刷的叙述中,(）是正确的。

A. 格式刷只能复制纯文本的内容

B. 格式刷既可复制字体格式,也可复制段落格式

C. 格式刷只能复制纯字体格式

D. 格式刷只能复制段落格式

10. Word 的(）操作具有修改文档内容的功能。

A. 替换 B. 缩进 C. 样式 D. 字体

11. Excel 中,要录入身份证号,数字分类应选择(）格式。

A. 数字(值) B. 文本 C. 特殊 D. 常规

12. 在 Excel 工作表的单元格中计算一组数据后出现########,这是由于(）所致。

A. 计算数据出错 B. 单元格显示宽度不够

C. 数据格式出错 D. 计算机公式出错

13. 在 Excel 中,下列单元格引用中,(）是单元格的相对引用。

A. ＄B＄13　　　　　B. B＄14　　　　　C. ＄B15　　　　　D. B12

14. 若在 Excel 的同一单元格中输入的文本有两个段落,则在第一段落输完后应使用(　　)键。

A. Enter　　　　　B. Shift+Enter　　　　C. Ctrl+Enter　　　　D. Alt+Enter

15. VLOOKUP 函数从一个数组或表格的(　　)中查找含有特定值的字段,再返回同一行中某一指定单元格中的值。

A. 最右列　　　　　B. 最左列　　　　　C. 第一行　　　　　D. 最末行

16. Excel 图表是动态的,当与图表相关的工作表中的数据修改时,图表的数据(　　)。

A. 不变　　　　　B. 用特殊颜色显示　　　C. 自动修改　　　　D. 出现错误值

17. Excel 中关于分类汇总的叙述正确的是(　　)。

A. 分类汇总可以按多个字段分类　　　　　B. 只能对数值型字段分类

C. 分类汇总前首先应按分类字段值对记录排序　D. 汇总方式只能求和

18. 某单位要统计各部门人员工资情况,先按工资从低到高排序,若工资相同,再按工龄升序排列,则在 Excel 中以下做法正确的是(　　)。

A. 主要关键字为“部门”,次要关键字为“工资”,第三个次要关键字为“工龄”

B. 主要关键字为“工龄”,次要关键字为“工资”,第三个次要关键字为“部门”

C. 主要关键字为“部门”,次要关键字为“工龄”,第三个次要关键字为“工资”

D. 主要关键字为“工资”,次要关键字为“工龄”,第三个次要关键字为“部门”

19. 在 Excel 中,如果需要引用同一工作簿的其他工作表的单元格或区域,则在工作表名与单元格(区域)引用之间需要使用的分隔符是(　　)。

A. !　　　　　　B. ＄　　　　　　C. :　　　　　　D. &

20. 为了区别“数字”与“数字字符串”数据,Excel 要求在输入项前添加(　　)符号来确认。

A. '　　　　　　B. "　　　　　　C. @　　　　　　D. #

21. 在 Power Point 中,若要使一个对象按照“三角形”来运动,应使用(　　)。

A. 强调动画　　　　B. 进入动画　　　　C. 退出动画　　　　D. 动作路径

22. 在 Power Point 中若要使一张图片出现在每一张幻灯片中,则需要将此图片插入到(　　)中。

A. 模板　　　　　B. 母版　　　　　C. 备注页　　　　　D. 标题幻灯片

23. Power Point 母版可以实现的是(　　)。

A. 统一添加相同的对象　　　　　B. 统一修改项目符号

C. 统一改变字体设置　　　　　　D. 以上都是

24. Excel 中关于绝对地址和相对地址的说法不正确的是(　　)。

A. ＄B3 是相对地址　　　　　　B. 相对地址会在复制或移动时发生改变

C. ＄A＄6 是绝对地址　　　　　D. 绝对地址不会在复制或移动时发生改变

25. 在 Word 中,若要选定文本块,需要借助于(　　)键。

A. Shift　　　　　B. Tab　　　　　C. Alt　　　　　D. Ctrl

参考答案:

一、判断题

1. F 2. T 3. T 4. F 5. F 6. F 7. F 8. T 9. F 10. T

二、选择题

1. C 2. B 3. B 4. D 5. D 6. A 7. C 8. C 9. B 10. A

11. B 12. B 13. D 14. D 15. B 16. C 17. C 18. A 19. A 20. A

21. D 22. B 23. D 24. A 25. C

第4章 数据库技术基础

数据库技术是 20 世纪 60 年代后期发展起来的一项重要技术,是计算机科学的重要分支。随着现代社会信息量的增大,信息资源已经成为人类经济活动、社会活动的战略资源,深度影响着社会发展。在当今信息社会中,数据库的应用越来越广泛,例如,学校的图书管理,各企业或组织的财务管理以及个人用户通过网络进行的购物、转账等活动都离不开数据库技术的支持。对于一个国家来说,数据库的建设规模、数据信息量的大小和使用频率成为衡量这个国家信息化程度的重要标志,因此,掌握数据库的基本知识和使用方法不仅是计算机科学与技术专业、信息管理专业学生的基本技能,也是非计算机专业学生的必备技能。

本章介绍关系型数据库 Access 2010 的基本功能,希望读者能够理解 Access 2010 数据库的重要对象——表、查询、窗体和报表的功能,掌握 Access 2010 的操作技能。

4.1 Access 概述

📖 扩展阅读
4-1:Access 2010
简介.docx

4.1.1 Access 2010 简介

Microsoft Office Access 2010 是 Microsoft Office 2010 的组件之一,具有 Office 系列的共同功能。Access 2010 是一个健壮、成熟的关系型数据库管理系统,可以对大量的数据进行存储、查找、统计、添加、删除及修改,还可以创建报表、窗体和宏等对象。用户通过 Access 2010 提供的开发环境及工具可以方便地构建数据库应用程序,大部分工作都可以通过可视化的操作来完成,无须编写复杂的程序代码,比较适合非计算机专业的人员开发数据库应用系统。

📖 扩展阅读
4-2:大数据时
代的数据库

4.1.2 Access 2010 中数据库的常用对象

用户使用 Access 2010 进行数据库操作时,具体操作的对象有表、查询、窗体、报表、宏和模块,每种对象分别具有不同的作用,简述如下。

1. 表(table)对象

表是一种有关特定实体的数据的集合,表以行(称为记录)列(称为字段)格式组织数据。表对象在 Access2010 的 6 种对象中处于核心地位,它是一切数据库操作的基础,其他对象都以表提供数据源。

2. 查询(query)对象

查询是数据库的基本操作,查询是数据库设计目的的体现,建立数据库的目的就是为了在需要各种信息时可以很方便地进行查找,利用查询可以通过不同的方法来查看、更改以及分析数据。也可以将查询作为窗体和报表的数据源。

3. 窗体(form)对象

窗体是用户输入数据和执行查询等操作的界面,是 Access 数据库对象中最具灵活性的一个对象。窗体有多种功能,主要用于提供数据库的操作界面。根据功能的不同,窗体大致可以分为提示型窗体、控制型窗体、数据型窗体三类。

4. 报表(report)对象

报表是以打印的格式表现用户数据的一种很有效的方式。用户可以在报表中控制每个对象的大小和外观,并可以按照用户所需的方式选择所需显示的信息以便查看或打印。

5. 宏(marco)对象

宏是指一个或多个操作的集合,其中每个操作可以实现特定的功能,例如,打开某个窗体或打印某个报表。通过使用宏可以自动完成某些普通的任务。

6. 模块(module)对象

模块是用 Access 提供的 VBA(Visual Basic for Applications)语言编写的程序,通常与窗体、报表等对象结合起来组成完整的应用程序。模块有两种基本类型:类模块和标准模块。

这6种对象在 Access 中相互配合,通过使用它们完成数据库的各种操作,解决工作需要。本书中主要讲解前4种对象,即表、查询、窗体和报表的使用方法,读者可以参考其他书籍学习其他对象的使用方法。

4.1.3 数据类型

在 Access 2010 中共有文本、备注、数字、日期/时间、查阅向导、附件和计算等 13 种数据类型,其中自定义型是 Access 2010 中新增加的类型。对于数字型数据,还可以细分为字节型、整型、长整型、单精度型和双精度型等 5 种类型,如表 4-1 所示。

表 4-1　Access 2010 的数据类型

数据类型	说明	字段大小	举例
文本	文本或文本和数字的组合,如工号、学号、电话号码等	最大值为 255 个中文或英文字符	姓名、性别、学号、电话号码
备注	长文本或文本和数字的组合或具有 RTF 格式的文本	最长 65 535 个字符	简介、简历、备注
数字	用于数学计算的数值数据	1 B、2 B、4 B、8 B	分数、年龄
日期/时间	从 100~9999 年的日期与时间值	8 B	出生日期、入学时间
货币	用于计算的货币数值与数值数据	8 B	单价、总价
自动编号	自动给每一条记录分配一个唯一的递增数值	4 B	编号
是/否	只包含两者之一,如婚否、Yes/No	1 位	婚否、党员否
OLE 对象	将对象(如电子表格、文件、图形、声音等)链接或嵌入表中	最大可达 1 GB(受限于磁盘空间)	照片、音乐

数据类型	说明	字段大小	举例
超链接	存放超链接地址	最多 64 000 个字符	电子邮件、首页
附件	图片、图像、Office 文件。用于存储数字、图像和 Office 文件的首选数据类型	对于压缩的附件为 2 GB，对于未压缩的附件大约为 700 KB	存储图片、文件
计算	表达式或结果类型是小数	8 B	
查阅向导	在向导创建的字段中，允许使用组合框来选择另一个表中的值	与执行查阅的主键字段大小相同	省份、专业

在 Access 2010 的 SQL 命令和有效性规则中，使用不同的定界符来表示不同的常量。表示文本型常量时，两边需要添加英文半角的双引号，如"山东理工大学"、"男"等。表示日期时间型常量时，两边需要添加"#"，如#2011-12-31#。数值型常量不需要加定界符，如 123 等。逻辑型常量表示为 TRUE 和 FALSE。

4.1.4 运算符与表达式

运算符用来完成各种运算，由运算符将常量、变量、函数调用连接起来组成的符合 Access 语法规则的式子称为表达式。在 Access 中表达式主要用在字段的有效性规则及 SQL 命令中。

在 Access 中常用的运算符主要有算术运算符、关系运算符、逻辑运算符、文本运算符等。常用的算术运算符、关系运算符及逻辑运算符及其功能将在 4.6 节中说明，表 4-2 为常用文本连接运算符及其功能。

表 4-2 文本连接运算符及其功能

运算符号	功能	举例
+	连接字符串	"计算机"+"教学部"="计算机教学部"
&	连接字符串	"大一"&"新生"="大一新生"

4.2 Access 数据库设计

一个完整的数据库应用系统的设计过程分为 6 个阶段：需求分析、概念结构设计、逻辑结构设计、物理结构设计、数据库的实施、数据库的运行和维护。在使用 Access 2010 创建真实数据库之前，应根据用户的需求对数据库应用系统进行需求分析，然后再按照设计过程中产生的数据模型在 Access 平台上设计数据库中的具体内容。

下面以建立一个简单的"人事管理"系统为例，介绍基于 Access 2010 设计数据库的一般过程。

4.2.1 需求分析

数据库应用系统需求是指用户对数据库应用系统在功能、性能、设计约束等方面的要求和期望。在需求分析阶段,设计者与系统用户交流,充分了解用户的工作概况,调查用户对数据的使用情况,包括所用数据的种类、范围、数量等以及围绕这些数据在业务活动中进行的交流情况,通过分析,逐步明确用户对数据库应用系统的数据需求、业务处理需求以及约束条件等需求,确定应用系统的功能,形成需求说明书。需求分析是数据库设计的第一步,也是其余各阶段的基础。

建立"人事管理"数据库系统的目的是为了实现单位人事管理,对单位的职工信息、职工工资等相关数据进行管理。

在功能方面的要求是,在"人事管理"系统中,至少应该存放"职工档案"表和"职工工资"表,在"职工档案"表中存放与职工相关的个人信息,包括姓名、性别、职称等相关信息,在"职工工资"表中存放与职工工资相关的信息,两个表通过职工的工号建立 1∶1 的联系,这样就可以通过"职工档案"表对"职工工资"表进行相关的操作,例如,可以对某类职称的人调整某项工资的值。

扩展阅读
4-3:ER 图与关系

4.2.2 概念结构设计

概念结构设计阶段的目标是把需求分析阶段得到的用户需求抽象为一种数据模型,即数据库的概念模型。概念模型是对现实世界的第一层抽象,是数据库设计的"蓝图"。它既能够反映现实世界的信息结构、信息间的制约关系,又独立于具体硬件和软件平台,是整个数据库设计的关键之一。

1. 基本概念

概念模型是现实世界中的事物到数据模型的第一层抽象形式,要求直观、清晰地表达现实世界中的各种语义信息。描述概念结构的最流行的方法是由 Peter Chen 在 1976 年提出的实体-联系模型(entity-relationship model),E-R 模型涉及以下一些概念。

(1)实体

客观存在并且可以相互区别的事物称为实体。实体可以是具体的人、事、物,也可以是抽象的概念或联系。例如,一个学生、一个职工、一本书,或者一次比赛等。

(2)实体集

实体集是具有相同属性的实体的集合。同一类实体被划分到一个实体集中,例如,全体职工就是一个实体集,含有若干个职工实体。

(3)属性

属性用于描述实体的特性。如学生实体用学号、姓名、性别、年龄、院系等属性描述。同一实体集的所有实体都具有同样的属性。

(4)联系

在现实世界中,事物内部以及事物之间都是有联系的。所谓实体之间的联系通常是指不同实体集之间的联系。

两个实体集之间的联系有以下三种类型。

(1)一对一的联系(1∶1)

实体集 A 中的一个实体至多与实体集 B 中的一个实体相联系,反之亦然,则称实体集 A 与实体集 B 为一对一的联系。记作 1∶1。例如,实体集"住院病人"与实体集"床位"之间就存在一对一的联系,每位住院病人对应一个床位。

（2）一对多的联系（1∶n）

一对多的联系表现为实体集 A 中的每个实体与实体集 B 中的任意个实体有联系,并且实体集 B 中的每个实体至多与实体集 A 中的一个实体相联系。记作 1∶n。例如,实体集"学校"和实体集"学生"之间是一对多的联系,一所学校有诸多学生,每名学生只在一所学校学习。

（3）多对多的联系（$m∶n$）

多对多的联系表现为实体集 A 中的每个实体与实体集 B 中的任意个实体有联系,反之,实体集 B 中的每个实体与实体集 A 中的任意个实体有联系。记作 $m∶n$。例如,实体集"学生"和实体集"课程"之间为多对多的联系,每名学生可以选修多门课程,同时每门课程可以被多名学生所选择。

一对一联系是一对多联系的特例,一对多联系是多对多联系的特例。有时候在数据的操作中,这三种联系会同时存在。例如,在足球比赛中,主教练与球队之间具有一对一的联系;主教练和队员之间具有一对多的联系;裁判与球队之间为多对多的联系。

2. E-R 图

E-R 模型使用 E-R 图来描述现实世界中某个实体的各个属性以及各实体之间的联系。在 E-R 图中,实体用矩形表示,属性用椭圆表示,实体间的联系用菱形表示。

在"人事管理"系统数据库中的实体有"职工"和"工资"。图 4-1 为各实体及其关系的 E-R 图。

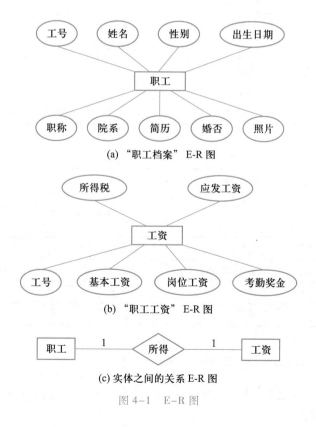

(a) "职工档案" E-R 图

(b) "职工工资" E-R 图

(c) 实体之间的关系 E-R 图

图 4-1 E-R 图

4.2.3 逻辑结构设计

逻辑结构设计的任务是把概念结构设计得到的 E-R 图转换为数据库管理系统所支持的数据模型,即逻辑数据模型,以便于在数据库系统中实现。根据数据及数据之间联系的表示形式的不同,逻辑数据模型主要有层次模型、网状模型和关系模型。20 世纪 80 年代以来,新推出的数据库管理系统几乎都支持关系数据模型。由关系数据模型组成的数据库称为关系数据库。

这一阶段将 E-R 图转换为 Access 2010 所支持的数据模型,设计出数据库中的表格以及各表格之间的关系。

"人事管理"系统数据库中"职工档案"和"职工工资"所包含的字段如表 4-3 和表 4-4 所示。

表 4-3 "职工档案"表的结构

字段名	数据类型	字段大小	说明
工号	文本	8 B	不为空,主键
姓名	文本	4 B	不为空
性别	文本	1 B	不为空
出生日期	日期/时间		不为空
职称	文本	6 B	不为空
院系	文本	10 B	不为空
简历	备注		
婚否	是/否		不为空
照片	OLE 对象		

表 4-4 "职工工资"表的结构

字段名	数据类型	字段大小	说明
工号	文本	8 B	不为空,主键
基本工资	货币	8 B	不为空
岗位工资	货币	8 B	不为空
考勤奖金	货币	8 B	不为空
所得税	货币	8 B	不为空
应发工资	货币	8 B	不为空

4.2.4 在 Access 中设计数据库

在完成以上设计工作之后,接下来可以在 Access 中设计数据库的具体内容。设计具体内容时,可以按照以下步骤进行。

1. 确定数据表

为了能更合理地确定在数据库中应包含的表,可以按照以下原则对信息进行分类。

① 每项信息只保存在一个表中,只需在一处进行更新。这样做效率高,同时也保证了数据的一致性。

② 每个表应该只包含关于一个主题的信息,可以独立于其他主题来维护每个主题的信息。

例如,在"人事管理"系统数据库中,将职工的档案和职工的工资分开,因为档案是个人的基本信息,而工资的数额是有可能随时变化的。

2. 确定表中的字段及类型

在定义每个表中的字段时应遵循下面的原则。

① 字段表示的是有意义的原始数据,如姓名、性别等。字段不能包含可以经过计算或推导得出的数据,也不能包含可以由基本数据组合而得到的数据。

② 避免表间出现重复字段。在表中除了为建立表间关系而保留的外部关键字外,尽量避免在多个表中同时存在重复的字段,这样做一是为了尽量减少数据的冗余,二是防止因插入、删除、更新造成数据的不一致。

③ 字段按要求命名。为字段命名时,应符合所用的数据库管理系统软件对字段名的命名规则。

在 Access 2010 中定义字段名称时,有以下规则。

a. 最长不超过 64 个字符。

b. 可以包含中文、英文字母、数字、下划线等,开始符号不能是空格。

3. 确定主键及表之间的关系

在 Access 中,每个表不是完全孤立的,表与表之间是相互联系的。例如,"人事管理"系统中的职工档案表和职工工资表就是相互关联的,在这两个表中有名字相同的字段,通过这两个字段,就可以建立起这两个表之间的关系。

若二维表中的某个属性值唯一地标识了一个元组,则称其为关键字。确定表中的主键,一个目的是为了保证实体的完整性,因此主键的值不允许是空值或重复值,另一个目的是在不同的表之间建立关系。

在"职工档案"表中以"工号"作为主键,在"职工工资"表中以"工号"作为主键,可以将两个表一对一地连在一起,这样可以同时查询出某个人的职称、具体工资,也可以根据"职工档案"表中的职称修改"职工工资"表中的工资数额。

4.2.5 优化完善数据库

经过以上的设计后,还应该对数据库中的表、表中包含的字段以及表之间的关系做进一步的分析、优化,主要从以下几个方面进行检查。

① 这些字段准确吗? 有没有漏掉某些字段? 有没有多余字段?

② 多个表中是否有重复没用的字段?

③ 各个表中的主关键字段设置得是否合适?

因此,在初步确定了数据库中包含的表、表中字段、表与表的关系以后,还要重新研究一下设计方案,检查可能出现的问题,然后进行修改,只有反复修改,才能设计出一个完善的数据库系统。

4.3 数据库与表的操作

单击"开始"按钮,选择"所有程序"→Microsoft Office→Microsoft Access 2010 命令,启动 Access 2010,然后在 Access 2010 中创建一个数据库。

微视频 4-1:
创建数据库

4.3.1 数据库的创建与基本操作

1. 创建"人事管理"数据库

具体操作步骤:在 Access 2010 主界面中,选择"文件"菜单下的"新建"命令,单击"空数据库"图标,在右下角的"文件名"对话框中输入数据库的名字,如图 4-2 所示。

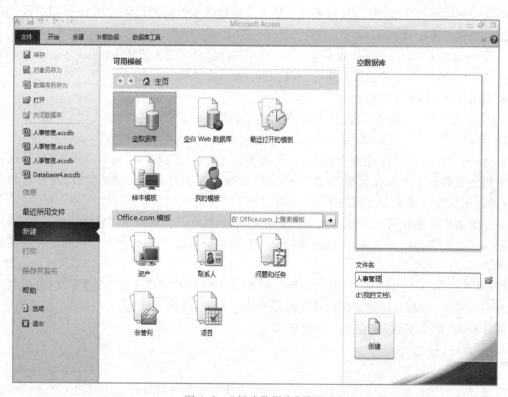

图 4-2 "新建数据库"界面

然后单击"创建"按钮(注意文件保存的路径),出现新建空数据库的界面,如图 4-3 所示。

2. 打开数据库

用户在 Access 2010 中创建数据库后,数据库自动处于打开状态,如果用户想打开以前创建的数据库,可以在 Access 2010 窗口中,选择"文件"菜单下的"打开"命令,然后在弹出的对话框中选择需要打开的数据库文件,即可以打开自己选中的数据库。

图 4-3 新建的空白数据库

3. 保存数据库

创建完数据库,特别是在数据库中添加完各种数据以后,就要对数据库进行保存,以防止数据的丢失。保存数据库的常用方法:选择"文件"菜单下的"保存"命令即可。

4. 关闭数据库

为了防止数据的丢失,用户要养成良好的习惯,在使用完数据库后,要关闭刚刚使用的数据库,关闭数据库常用方法:选择"文件"菜单下的"关闭数据库"命令,即可关闭数据库。

4.3.2 数据表的创建与添加数据

> 实验素材4-1:人事管理数据库

创建"人事管理"空数据库之后,需要在数据库中创建"职工档案"和"职工工资"两个表。表的建立方法有很多,用户可以在使用过程中不断总结,在此主要介绍两种方法。

1. 使用字段模板创建数据表

Access 2010 中提供了一种全新的创建数据表的方法,即通过 Access 自带的字段模板来创建数据表,使用模板创建表十分方便,但表的模板类型十分有限并且是固定的,用模板创建的数据表不一定适应用户的要求,必须进行适当的修改。

用模板创建表的步骤为,在建立"人事管理"空数据库之后,出现如图 4-4 所示界面,在"表格工具字段"选项卡"添加和删除"组中,单击"其他字段"右侧的下拉按钮,弹出要建立的字段类型,如图 4-4 所示。

选择需要的字段类型,输入该表的所有字段名称,如图 4-5 所示,表建立完毕。

2. 使用设计视图创建表

使用模板创建的表不一定满足用户的要求,因此,在大多数的情况下,用户需要自己建立表,可以使用"设计视图"创建表。使用"设计视图"创建表的步骤如下。

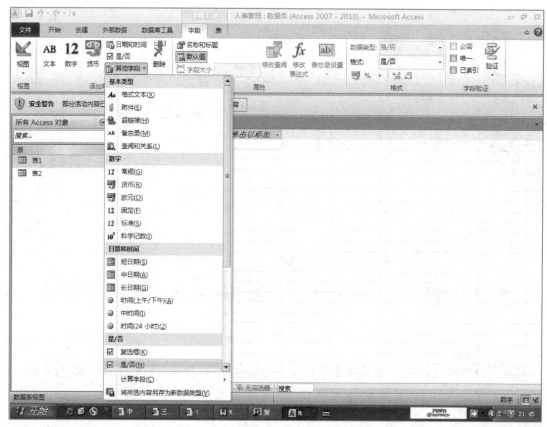

图 4-4 字段模板

图 4-5 字段模板创建表

① 单击"创建"选项卡,在"表格"组中单击"表设计"按钮,进入表的设计视图,如图 4-6 所示。

② 按照前面介绍的"职工档案"表中的字段以及字段类型,分别在"字段名称"中输入表的字段名,在"数据类型"中选择合适的数据类型,以创建"职工档案"表的结构,如图 4-7 所示。

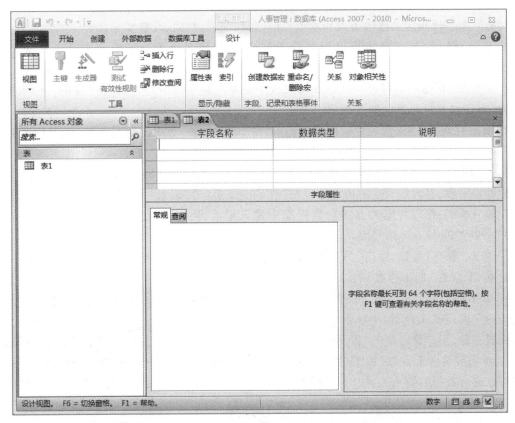

图 4-6 表的设计视图

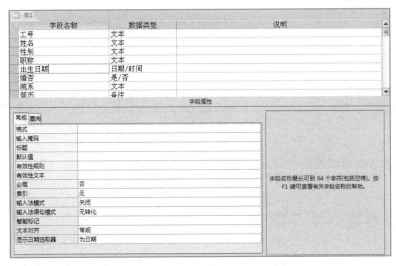

图 4-7 "职工档案"表

当用户输入字段名并选择相应的数据类型后,在下方出现"字段属性"面板。字段属性包括字段大小、格式、输入掩码、默认值、有效性规则、有效性文本、输入法模式、标题等,不同类型的字段具有不同的属性。

a. 字段大小:对文本型字段规定所允许填充的最大字符数,大小范围为 0 ~ 255,默认值为 50。对数字型字段规定具体的类型和取值范围,包括字节、整型、长整型等。

b. 标题:指定字段在窗体或报表中所显示的名称,该名称不会影响该字段在数据表中的名称。

c. 默认值:在添加记录时系统会自动把这个值输入到字段中,如可以将"性别"字段的默认值设为"男",这样可以提高输入速度。

d. 有效性规则:用来限定字段的取值范围,对"职工档案"表中的性别字段,可用有效性规则""男"or"女""将其值限定为这两种,以减少出错的概率。

e. 有效性文本:当输入的字段值超出有效性规则时,系统显示的提示信息,如对"职工档案"表中的性别字段,有效性文本的内容可以是"性别应该是'男'或者'女'"。

f. 输入掩码:是以特定的方式向数据库中输入记录,例如,通过输入掩码可以按规定格式(0533)–9999999 输入电话号码。

③ 单击"保存"按钮,弹出"另存为"对话框,如图 4-8 所示,输入表的名称"职工档案",单击"确定"按钮,保存"职工档案"表。

④ 弹出提示未定义主键。设置主键的方法:选择需要设置为主键的字段,在"工具"组中单击"主键"按钮即可。如果暂时不用设置主键,用户可以单击"否"按钮。

⑤ 单击屏幕左上方的"视图"按钮,切换到数据表视图,用户就可以进行数据的输入了,如图 4-9 所示。

图 4-8 "另存为"对话框

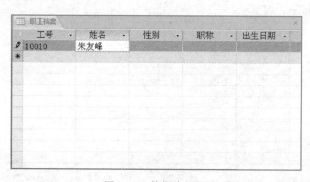

图 4-9 数据表视图

⑥ 用同样的方法可以创建前面介绍的"职工工资"表。

4.4 数据表的基本操作

表是 Access 数据库中存储数据的对象。在 Access 2010 中,表有 4 种视图方式:设计视图、数据表视图、数据透视视图和数据透视表视图。设计视图用于显示和编辑表的结构;数据表视图用于显示、编辑和修改表的内容;数据透视视图用于以图形方式显示数据;数据透视表视图用于以不同组织方式分析数据。

在数据库窗口中打开一个表时,可以在状态栏的右边单击 4 种视图的图标进行切换,如图 4-10 所示。最常用的视图方式为设计视图和数据表视图,分别用于对表的结构和内容进行修改。

图 4-10 视图切换图标

4.4.1 修改数据表结构

修改数据表结构包括更改字段的名称、类型、属性和增加字段、删除字段等操作,通常在设计视图中进行。除了修改类型和属性外,其他操作也可以在数据表视图中进行。

① 修改字段名、类型或属性值:在设计视图中单击相应的字段名称、字段类型或属性值,进行修改即可。

② 添加字段:在设计视图中默认显示的"设计"选项卡中,选择"工具"组中的"插入行"命令。也可以在数据表视图中打开"表格工具/字段"选项卡,在"添加和删除"组中,单击"其他字段"右侧的下拉按钮,从弹出的字段类型中选择其一,然后在表中输入字段名称。

③ 删除字段:在设计视图中选择"删除行"命令或者在数据表视图的"添加和删除"组中选择"删除"命令即可。

【例 4-1】 在"职工档案"表中的"职称"和"院系"字段之间插入一个字段"出生日期"。操作步骤如下。
① 在数据库中打开数据表"职工档案",然后单击"设计"按钮打开表的设计视图。
② 在字段"院系"上右击,从弹出的快捷菜单中选择"插入行"命令。
③ 在新插入的行中输入相应的字段名称"出生日期",选择数据类型为"日期/时间"。
④ 保存数据表结构。

4.4.2 添加记录

在 Access 2010 中,只能在数据表的末尾添加记录,而不能在数据表的中间插入记录。当在数据表视图中打开一个表时,最后一条记录的后面会有一条空白记录的空间,在此处直接输入要添加的数据。或者在"记录"组中,选择"新建"命令也可添加新记录。

4.4.3 编辑记录

编辑记录包括修改、删除、查找、替换记录等操作,这些操作必须在数据表视图中完成,具体操作方法如下。

① 修改记录:单击相应记录的相应字段值,直接修改即可。如果要放弃对当前字段的修改,按 Esc 键。

② 删除记录:在数据表视图中默认显示的"开始"选项卡中,既可以选中某条记录后,在"记录"组中选择"删除"或"删除记录"命令将记录删除,也可以单击欲删除记录的任何一个字段值,

然后选择"删除"下拉列表中的"删除记录"选项。

③ 查找记录:在"开始"选项卡的"查找"组中单击"查找"按钮,在弹出的"查找和替换"对话框中进行记录的查找。

④ 替换记录:在"开始"选项卡的"查找"组中单击"替换"按钮,在弹出的"查找和替换"对话框中进行记录的替换。

4.4.4 建立表间关系

在使用数据库时,往往需要将多表中的数据组合在一起处理。当要进行查询、更新或删除等数据操作时,多表之间需要满足关系的完整性约束条件,保持数据的有效性、一致性和兼容性。建立表之间的关系是创建其他数据库对象(如查询、窗体、报表)的前提。

1. 关系的定义

关系是在两个表的公共字段之间创建的一种连接,通常通过匹配两个表中关键字段的值来创建关系。关键字段通常是在两个表中具有相同名称的字段。在大多数情况下,这些用于匹配的字段是一个表的主关键字,同时也包含于在其他表中,这些字段在其他表中称为外部关键字(简称外键)。

2. 创建关系

根据两个表中记录之间的匹配情况,可以将表之间的关系分为一对一、一对多和多对多三种。在表与表之间建立关系,不仅建立了数据表之间的关联,还可以保证数据库的参照完整性。

微视频 4-2:
建立表间关系

【例 4-2】 在"职工档案""职工工资"两表之间创建关系。

在创建表间关系之前,应该关闭所有相关的表。具体步骤如下。

① 打开人事管理数据库。

② 单击"数据库工具"选项卡中的"关系"按钮。

③ 系统打开"关系管理器",功能区自动切换为"设计"选项卡。

④ 在"关系"组中单击"显示表"按钮,选择需要建立关系的表,然后单击"添加"按钮。

⑤ 将表都添加到"关系"窗口后,关闭"显示表"对话框。

⑥ 在"关系"窗口中,按住鼠标左键不放,从主表中将相关字段拖到从表的相关字段上。

⑦ 松开鼠标左键后,会出现"编辑关系"对话框,勾选三项复选框,单击"确定"按钮,如图 4-11 所示。

⑧ 单击快捷工具栏的"保存"按钮保存关系。

最终,"人事管理"数据库中两个表之间的关系如图 4-12 所示,其中表间连接实线两端的 1 和 1 表示两个表之间是一对一的关系。

数据表之间的关系建立以后,还可以进行编辑和删除。

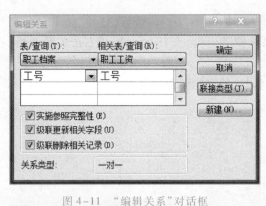

图 4-11 "编辑关系"对话框

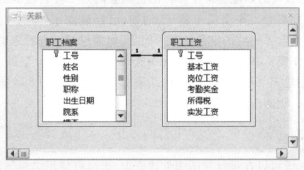

图 4-12 "人事管理"数据库中两表之间的关系

3. 编辑关系

① 单击选项卡"数据库工具"中的"关系"按钮,打开"关系"窗口。

② 单击关系线使其变粗后,单击"工具"组中的"编辑关系"按钮,或者双击关系线,打开"编辑关系"对话框,如图 4-11 所示。

③ 可以在"编辑关系"对话框中重新定义两个表之间的关系。

④ 可以单击"编辑关系"对话框中的"联接类型"按钮,选择所需的联接类型。

⑤ 单击"确定"按钮,保存。

参照完整性,是在编辑记录时,为了维持表之间已定义的关系而必须遵循的一组规则。如果实施了参照完整性,那么当主表中没有相关关键值时,就不能将该键值添加到从表中,也不能在从表中存在匹配的记录时删除主表中的记录,更不能在从表中有相关记录时,更改主表中的主关键字值。也就是说,实施了参照完整性后,对表中主关键字段进行操作时系统会自动进行检查,如果对主关键字的修改违背了参照完整性的规则,那么系统会自动强制执行参照完整性。

级联更新相关字段的含义是当更新主表中主键值时,系统会自动更新从表中的相关记录的字段值。级联删除相关记录的含义是当删除主表中记录时,系统会自动删除从表中的所有相关的记录。

为了保证数据库中数据的完整性,编辑关系对话框中的三个复选框应当一一勾选。

4. 删除关系

① 单击选项卡"数据库工具"中的"关系"按钮,打开"关系"窗口。

② 单击要删除的关系线使其变粗,按 Delete 键,或右击关系线后,在出现的快捷菜单中选择"删除"命令。

③ 在提示对话框中,单击"是"按钮,删除关系。

4.5 查询

4.5.1 查询的作用

在 Access 2010 中,查询的功能类似于一种筛选。查询是一种以表(或已有查询)为数据来源的再生表,是动态的数据集合。举个简单例子,例如,已经建立了"职工档案"表与"职工工资"表,在这两个表中各自包含了一定的字段信息。但是,如果想同时查看分别存在于两个数据表中的信息,那么该如何操作呢? 其实,通过建立一个查询就可以实现。当每次使用查询时,都是从查询的数据源中重新创建记录集,所以,查询的结果总是与数据源中的数据保持同步。利用查询还可以实现记录的插入、删除与更新等操作。

4.5.2 创建查询

在 Access 2010 中,既可以在设计视图中创建查询,也可以使用向导创建查询,还可以使用结构化查询语言(structured query language,SQL)命令创建,三种方法各有优缺点。其中设计视图和向导是可视化操作,相对比较简单,但不能应用于程序环境。SQL 命令功能强大,可以在各种程序中调用执行。而且在 Access 中,查询在本质上是通过 SQL 命令来执行的。

本节介绍使用设计视图创建查询,这种方式简单而直观。

【例 4-3】 对"职工档案"表创建查询,要求只包含"工号""姓名""职称"三个字段的信息。

操作步骤如下。

① 打开查询设计器。在"创建"选项卡上的"查询"组中,单击"查询设计"按钮,打开查询设计器窗口,并弹出"显示表"对话框,如图 4-13 所示。Access 2010 默认的查询即为选择查询。

② 添加表。在"显示表"对话框中,选择"职工档案"表并单击"添加"按钮,然后单击"关闭"按钮关闭"显示表"对话框。"职工档案"表的字段信息将呈现在查询设计器上部的数据源区域。

③ 选择字段。依次双击"职工档案"表中的"工号""姓名""职称"字段,将这三个字段添加到设计器下部的设计网格中,如图 4-14 所示。

④ 保存查询。单击快捷工具栏中的"保存"按钮 ■ 或者选择"文件"菜单下的"保存"命令,出现"另存为"对话框,如图 4-15 所示。在该对话框中输入查询名称"查询职工信息",然后单击"确定"按钮。

图 4-13 "显示表"对话框

图 4-14 选择查询示例

⑤ 运行查询。在"设计"选项卡中的"结果"组中,单击"运行"按钮,显示查询结果。或者在导航窗格中选择"查询职工信息",即可看到查询的结果,如图 4-16 所示。

利用查询设计器,也可以方便地创建多表查询。

图 4-15 "另存为"对话框

图 4-16 查询的运行结果

【例4-4】 在"职工档案"表和"职工工资"表中查询"计算机学院"的教师信息。要求包含"工号""姓名""院系""基本工资"等字段。

操作步骤如下。

① 打开查询设计器。在"创建"选项卡中的"查询"组中,单击"查询设计"按钮,打开查询设计器窗口。

② 添加表。在"显示表"对话框中,添加"职工档案"表和"职工工资"表。

③ 选择字段。依次双击两表中的"工号""姓名""院系""基本工资"字段,将字段添加到设计器下部的设计网格中。

④ 设置条件。在字段名称为"院系"列的"条件"对应行中输入条件"="计算机学院"",如图4-17所示。

图 4-17　设置查询条件

⑤ 保存查询。单击快捷工具栏中的"保存"按钮 ▣，输入查询名称为"查询计算机学院"。
⑥ 运行查询，如图 4-18 所示。

图 4-18　查询的运行结果

🔔【注意】多表查询中，表之间必须事先已经建立了关系。输入条件时，标点符号一定要使用"英文半角"方式输入。

4.6　结构化查询语言

　　结构化查询语言 SQL 是集数据定义、数据查询、数据操纵和数据控制功能于一体的关系数据库标准语言。SQL 是一种非过程化语言，它的大多数语句都是独立执行的并能完成一个特定的操作，与上下文无关。由于 SQL 功能丰富、简单易学，因此被各数据库厂商采用，已经成为关系数据库管理系统的通用查询语言。

　　使用 SQL 命令能够创建各种不同类型的查询。当用设计视图建立一个查询之后，只需切换到 SQL 视图，就会发现在 SQL 窗口中系统已经自动生成了相应的 SQL 命令。其实，Access 在执行查询时，总是首先生成 SQL 命令，然后再用这些命令对数据表进行操作的。

【例4-5】 查看例4-3中的SQL命令代码。

操作方法:从导航窗格中打开查询"查询职工信息",在状态栏中单击"SQL视图"按钮,如图4-19所示,或者选择"开始"选项卡"视图"组中的"SQL视图"命令,都会看到如图4-20所示的结果。

微视频4-3:
SQL查询的创建
步骤

图4-19 "SQL视图"按钮   图4-20 对应的SQL命令

在Access 2010中使用SQL命令创建查询的操作步骤如下。

① 打开查询设计视图窗口。选择"创建"选项卡"查询"组中的"查询设计"命令,关闭显示表的对话框,此时命令选项卡自动呈现为"设计"选项卡。

② 打开SQL视图编辑窗口:在"设计"选项卡中选择"结果"组中的"SQL视图"选项,或者在状态栏中单击"SQL视图"按钮,打开SQL视图编辑窗口。

③ 输入SQL命令:在SQL视图编辑窗口中输入相应的SQL命令。

④ 保存查询:单击快捷工具栏中的"保存"按钮或者选择"文件"菜单下的"保存"命令,出现"另存为"对话框。在该对话框中输入相应查询名称,然后单击"确定"按钮。

⑤ 执行查询:在"结果"组中,单击"运行"按钮,显示查询运行结果。

4.6.1 示例数据库

本节以"人事管理"数据库为例,介绍SQL的数据查询功能和数据操纵功能。

"人事管理"数据库包含如下三个表:

职工档案(<u>工号</u>,姓名,性别,职称,出生日期,院系)

职工工资(<u>工号</u>,基本工资,岗位工资,考勤奖金,所得税,实发工资)

工资调整(<u>工号</u>,工资涨幅)

关系的主关键字加下划线表示。职工档案与职工工资通过工号建立联系。

各表的示例数据如表4-5～表4-7所示(表中只是部分数据的截取示例,未做完全展示)。

表4-5 "职工档案"表

工号	姓名	性别	职称	出生日期	院系
10001	朱友锋	男	讲师	1978/4/12	文学院
10002	王磊	男	副教授	1975/2/1	计算机学院
10003	赵明	男	讲师	1980/8/8	理学院
10004	路莉莉	女	教授	1965/5/6	计算机学院
10005	闫先蕾	男	助教	1987/3/5	文学院

表 4-6 "职工工资"表

工号	基本工资	岗位工资	考勤奖金	所得税	实发工资
10001	2,610.00	1,780.00	160.00	17.80	
10002	2,750.00	2,090.00	160.00	18.00	
10003	2,530.00	1,780.00	160.00	17.80	
10004	3,020.00	2,260.00	160.00	30.00	
10005	2,290.00	1,570.00	160.00	16.20	

表 4-7 "工资调整"表

工号	工资涨幅
10001	80.00
10005	60.00
10006	100.00
10007	130.00

4.6.2 数据查询

数据查询是数据库的核心操作。查询的功能类似于一种筛选,是一种以表或视图为数据来源的再生表,是动态的数据集合。以 Access 2010 为平台,使用 SQL 查询语句创建各种不同类型的查询。

1. SELECT 命令

(1) 命令格式

SELECT 命令是 SQL 中最常用的命令,用于从数据表中查询数据。

一般格式如下:

    SELECT 字段名 1[,字段名 2,…]

    FROM 数据表或派生表

    [WHERE 条件表达式]

    [GROUP BY 分组字段名]

    [ORDER BY 排序选项[ASC][DESC]];

(2) 命令功能

从指定的数据表或派生表中,选择满足条件的记录的字段,从而构成一个新的记录集。

(3) 说明

① SELECT:命令动词,表示查询。

② 字段名 1[,字段名 2,…]:表示查询结果中要包含的字段,当选择一个表中的所有字段时,字段名可以用 * 代替。

③ FROM 数据表或派生表:指明数据的来源是哪个表,如果是两个以上的表,表名之间用逗号分隔。

④ WHERE 条件表达式:指明查询结果应满足的条件。

⑤ GROUP BY 分组字段名:指明按照哪个字段对查询结果进行分组。

⑥ ORDER BY 排序选项[ASC][DESC]:指明查询结果如何排序,选项 ASC 表示按照升序排列(默认),DESC 表示按照降序排列。

⑦ [ ]:表示此项内容为可选项,用户根据实际需要选择使用。

⑧ 命令中的标点符号为英文半角状态。

2. 查询指定字段

若要查询表中指定字段的信息,只需在 SELECT 之后列举出相应字段名即可。命令中字段名的顺序决定查询结果中字段的顺序。

【例4-6】 查询所有职工的"工号""姓名""出生日期"。

① 查询指定字段的 SQL 命令:

　　SELECT 工号,姓名,出生日期

　　FROM 职工档案;

💻说明:查询结果也是一个表。

② 执行结果如图 4-21 所示。

工号	姓名	出生日期
10001	朱友锋	1978/4/12
10002	王磊	1975/2/1
10003	赵明	1980/8/8
10004	路莉莉	1965/5/6
10005	闫先蕾	1987/3/5
10006	王建	1970/3/9
10007	侯建刚	1960/10/3
10008	徐丽娜	1988/2/8
10009	李洋	1988/9/6

图 4-21 查询指定字段的运行结果

3. 查询所有字段

若要查询表中所有字段的信息,只需在 SELECT 之后写上"＊"即可。

【例4-7】 查询职工档案表中的所有信息。

① 查询所有字段的 SQL 命令如下:

　　SELECT　＊

　　FROM 职工档案;

② 运行结果如图 4-22 所示。

工号	姓名	性别	职称	出生日期	院系
10001	朱友锋	男	讲师	1978/4/12	文学院
10002	王磊	男	副教授	1975/2/1	计算机学院
10003	赵明	男	讲师	1980/8/8	理学院
10004	路莉莉	女	教授	1965/5/6	计算机学院
10005	闫先蕾	男	助教	1987/3/5	文学院
10006	王建	男	副教授	1970/3/9	法学院
10007	侯建刚	男	教授	1960/10/3	理学院
10008	徐丽娜	女	助教	1988/2/8	法学院
10009	李洋	女	助教	1988/9/6	理学院

图 4-22 查询所有字段的运行结果

4. 查询符合条件的记录

若需要有选择性地查询满足一定条件的记录,则可以使用 WHERE 子句。WHERE 子句用于限定查询的条件。WHERE 子句中通常使用关系表达式来表示单个条件,使用逻辑表达式表示复合条件。

常用算术运算符及其功能如表 4-8 所示,常用关系运算符及其功能如表 4-9 所示,常用逻辑运算符及其功能如表 4-10 所示。说明:关系表达式的值要么为 TRUE(真),要么为 FALSE(假)。

表 4-8　常用算术运算符及其功能

运算符号	功能	举例
+	加	1+2=3
-	减	9-8=1
*	乘	1*100=100
/	除	9/2=4.5
\	整除	9\2=4
^	乘方	2^5=32
mod	取余	9 mod 3=0

表 4-9　常用关系运算符及其功能

运算符号	功能	举例
<	小于	基本工资<2 500
>	大于	基本工资>1 800
≤	小于或等于	基本工资≤2 000
≥	大于或等于	基本工资≥2 000
=	等于	基本工资=20
<>	不等于	基本工资<>2 000
between…and…	在……之间	基本工资 between 1 800 and 2 500

表 4-10　常用逻辑运算符及其功能

运算符号	功能	举例
and	逻辑与	性别="男" and 职称="教授"
or	逻辑或	性别="男" or 职称="教授"
not	逻辑非	not(性别="男" and 职称="教授")

【例 4-8】　查询计算机学院职工的"工号""姓名""院系"。

① SQL 命令如下:

SELECT 工号,姓名,院系
FROM 职工档案
WHERE 院系="计算机学院";

💻说明:在 SQL 命令中,只有字符型数据才需要加双引号引用,表名与字段名切勿加双引号。

② 运行结果如图 4-23 所示。

图 4-23 条件查询运行结果 1

【例 4-9】 查询 1980 年以前出生的职工的"工号""姓名""职称""出生日期"。

① SQL 命令如下:

SELECT 工号,姓名,职称,出生日期

FROM 职工档案

WHERE 出生日期<#1980/1/1#;

💻说明:在 WHERE 子句中使用日期型数据时,日期型数据通常加单引号引用,但在 Access 中,日期型数据必须加"#"进行引用。

② 运行结果如图 4-24 所示。

工号	姓名	职称	出生日期
10001	朱友锋	讲师	1978/4/12
10002	王磊	副教授	1975/2/1
10004	路莉莉	教授	1965/5/6
10006	王建	副教授	1970/3/9
10007	侯建刚	教授	1960/10/3

图 4-24 条件查询运行结果 2

【例 4-10】 从"职工档案"表中查询理学院职称为教授的职工信息。

① SQL 命令如下:

SELECT *

FROM 职工档案

WHERE 院系 ="理学院" AND 职称 ="教授";

② 运行结果如图 4-25 所示。

图 4-25 多条件查询的运行结果

5. 将查询结果排序

若希望查询结果按照某些字段进行排序,则可以使用 ORDER BY 子句来实现先排序后显示

的效果。ASC(默认值)表示排序方式为升序,DESC 表示排序方式为降序。若要按照多个字段排序,那么各字段之间用逗号分隔,分别代表第一关键字、第二关键字等。

【例 4-11】 查询所有职工的"工号""基本工资",结果按基本工资降序排列。

① SQL 命令如下:

    SELECT 工号,基本工资

    FROM 职工工资

    ORDER BY 基本工资 DESC;

② 运行结果如图 4-26 所示。

排序查询	
工号	基本工资
10007	￥3,310
10004	￥3,020
10006	￥2,950
10002	￥2,750
10001	￥2,610
10003	￥2,530
10005	￥2,290
10009	￥2,230
10008	￥2,230

图 4-26 查询结果排序

【例 4-12】 查询职工的"工号""姓名""性别""出生日期",结果按女性在前排列,并在性别排序的基础上按照出生日期升序排列。

① SQL 命令如下:

    SELECT 工号,姓名,性别,出生日期

    FROM 职工档案

    ORDER BY 性别 DESC,出生日期 ASC;

② 运行结果如图 4-27 所示。

多关键字排序			
工号	姓名	性别	出生日期
10004	路莉莉	女	1965/5/6
10008	徐丽娜	女	1988/2/8
10009	李洋	女	1988/9/6
10007	侯建刚	男	1960/10/3
10006	王建	男	1970/3/9
10002	王磊	男	1975/2/1
10001	朱友锋	男	1978/4/12
10003	赵明	男	1980/8/8
10005	闫先蕾	男	1987/3/5

图 4-27 查询结果以多关键字排序

6. 使用内置函数实现统计计算

SQL 提供了 5 个内置函数,用于在表中实现统计计算的功能。表 4-11 列出了通用的内置函数。

表 4-11　内置函数

函数格式	函数功能
COUNT(＊)	统计记录个数
SUM(字段名)	计算指定字段值的总和
AVG(字段名)	计算指定字段的平均值
MAX(字段名)	计算指定字段的最大值
MIN(字段名)	计算指定字段的最小值

【例 4-13】　查询"职工档案"表中职工总人数。

① SQL 命令如下:

SELECT　COUNT(＊)　AS 人数

FROM 职工档案;

💻说明:SQL 允许使用"AS"设置一个字段名。本例中"AS 人数"指定 COUNT(＊)的计算结果以"人数"为字段名称,使显示结果更加明了。

② 运行结果如图 4-28 所示。

图 4-28　统计人数的查询结果

【例 4-14】　查询"职工档案"表中男女职工的人数。

① SQL 命令如下:

SELECT 性别,COUNT(＊)　AS 人数

FROM 职工档案

GROUP BY 性别;

💻说明:若希望按照某个字段的值进行分组统计,则可以使用 GROUP BY 子句。GROUP BY 后面为分组的字段名,首先按此字段的值对记录进行分组,然后进行分组统计。

② 运行结果如图 4-29 所示。

图 4-29　分组统计的查询结果

【例 4-15】 查询"职工工资"表中所有职工岗位工资的平均值。

① SQL 命令如下：

SELECT AVG(岗位工资) AS 平均岗位工资

FROM 职工工资；

② 运行结果如图 4-30 所示。

图 4-30 平均值计算的查询结果

【例 4-16】 查询"职工档案"表中男职工中职称为副教授的人数。

① SQL 命令如下：

SELECT COUNT(*) AS 男职工副教授人数

FROM 职工档案

WHERE 性别 =" 男 "AND 职称 =" 副教授 "；

② 运行结果如图 4-31 所示。

图 4-31 多条件统计查询的运行结果

7. 多表查询

如果要查询的信息分属于不同的表，那么就需要在这些表之间建立连接，通常通过同名字段在不同的表之间建立连接。

【例 4-17】 查询所有职工的"工号""姓名""性别""职称""岗位工资"。

① SQL 命令如下：

SELECT 职工档案. 工号,姓名,性别,职称,岗位工资

FROM 职工档案,职工工资

WHERE 职工档案. 工号=职工工资. 工号；

💻说明：本例中的查询涉及两个表,属于多表查询。对于在两个表中同时出现的同名字段（如"工号"字段）,必须使用"表名. 字段名"的形式引用,而非同名字段则不必采用这种形式。

② 运行结果如图 4-32 所示。

图 4-32 多表查询的运行结果

4.6.3 数据操纵

SQL 命令的主要功能是查询功能,此外它还具有插入记录、删除记录和更新记录内容等数据操纵功能,下面依次介绍这 3 条命令。

1. 插入记录命令 INSERT

(1) 命令格式

INSERT   INTO 表名[(字段名称 1[,字段名称 2,…])]
VALUES(字段 1 的取值[,字段 2 的取值,…]);

(2) 命令功能

在指定的表的末尾添加一条新记录,其字段取值为 VALUES 后面的数据值。

(3) 说明

当添加的新记录中每个字段都给定值时,可以省略表名后面的字段名列表。如果添加的新记录中只是部分字段给定值时,必须在表名后面给出对应的字段名列表。

【例 4-18】 向"职工档案"表添加一条新记录,工号为"10010",姓名为"刘博",性别为"男",职称为"讲师",出生日期为 1982 年 11 月 8 日,院系为"商学院"。

① SQL 命令如下:

INSERT   INTO 职工档案
VALUES("10010","刘博","男","讲师",#1982/11/8#,"商学院");

说明:因为本例中给"职工档案"表中添加的新记录中每个字段都给定值,所以可以省略表名后面的字段名列表。

② 运行过程中弹出提示窗口,如图 4-33 所示。单击"是"按钮后将执行追加操作。重新打开"职工档案"表,会看到最后一行记录为新添加的内容,如图 4-34 所示。

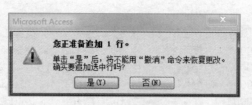

图4-33 追加记录提示对话框

| 职工档案 |
工号	姓名	性别	职称	出生日期	院系
10001	朱友锋	男	讲师	1978/4/12	文学院
10002	王磊	男	副教授	1975/2/1	计算机学院
10003	赵明	男	讲师	1980/8/8	理学院
10004	路莉莉	女	教授	1965/5/6	计算机学院
10005	闫先蕾	男	助教	1987/3/5	文学院
10006	王建	男	副教授	1970/3/9	法学院
10007	侯建刚	男	教授	1960/10/3	理学院
10008	徐丽娜	女	助教	1988/2/8	法学院
10009	李洋	女	助教	1988/9/6	理学院
10010	刘博	男	讲师	1982/11/8	商学院

图4-34 添加新记录的执行结果

【例4-19】 向"职工工资"表添加一条与上例相对应的新记录,工号为"10010",基本工资为2530元,岗位工资为1780元,考勤奖金为160元,所得税为18元。

① SQL命令如下:

    INSERT INTO 职工工资(工号,基本工资,岗位工资,考勤奖金,所得税)
    VALUES("10010",2530,1780,160,18);

说明:因为本例中给"职工档案"表中的部分字段赋值,所以必须指明字段名称。

② 新添加的记录将会显示在"职工工资"表的最后一行。

2. 删除记录命令 DELETE

(1)命令格式

DELETE

FROM 表名

[WHERE 条件表达式];

(2)命令功能

删除指定数据表中满足条件的记录。

(3)说明

如果省略条件,该命令将会删除表中的所有记录,所以应谨慎使用。

【例4-20】 删除"职工档案"表中所有1987年以后出生的职工的记录。

① SQL命令如下：

DELETE　　*

FROM 职工档案

WHERE 出生日期>#1987/12/31#；

② 运行查询命令。

运行查询命令后出现如图4-35所示提示窗口，单击"是"按钮后将执行删除，表中符合条件的记录将被删除，可以打开"职工档案"表进行查看，如图4-36所示。

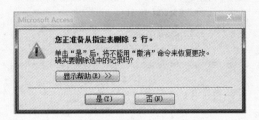

图4-35　删除记录提示对话框

工号	姓名	性别	职称	出生日期	院系
10001	朱友锋	男	讲师	1978/4/12	文学院
10002	王磊	男	副教授	1975/2/1	计算机学院
10003	赵明	男	讲师	1980/8/8	理学院
10004	路莉莉	女	教授	1965/5/6	计算机学院
10005	闫先蕾	男	助教	1987/3/5	文学院
10006	王建	男	副教授	1970/3/9	法学院
10007	侯建刚	男	教授	1960/10/3	理学院
10010	刘博	男	讲师	1982/11/8	商学院

图4-36　删除记录的执行结果

3. 数据更新命令 UPDATE

（1）命令格式

UPDATE 表名1[,表名2][,…]

SET 字段名称=表达式[,字段名称=表达式][,…]

[WHERE 条件]；

（2）命令功能

更新指定表中满足条件的记录的指定字段的值。

（3）说明

如果省略 WHERE 条件，则会更新表中的所有记录。

【例 4-21】 计算出所有职工的实发工资。

① SQL 命令如下：

UPDATE 职工工资

SET 实发工资=基本工资+岗位工资+考勤奖金-所得税;

② 运行该更新查询后会出现如图 4-37 所示的提示窗口,单击"是"按钮后,表中的相关记录数据项得到更新,可以打开"职工工资"表查看,如图 4-38 所示。

图 4-37 更新记录提示对话框

工号	基本工资	岗位工资	考勤奖金	所得税	实发工资
10001	￥2,610	￥1,780	￥160	￥18	￥4,532
10002	￥2,750	￥2,090	￥160	￥18	￥4,982
10003	￥2,530	￥1,780	￥160	￥18	￥4,452
10004	￥3,020	￥2,260	￥160	￥30	￥5,410
10005	￥2,290	￥1,570	￥160	￥16	￥4,004
10006	￥2,950	￥2,090	￥160	￥18	￥5,182
10007	￥3,310	￥2,260	￥160	￥30	￥5,700
10008	￥2,230	￥1,570	￥160	￥16	￥3,944
10009	￥2,230	￥1,570	￥160	￥16	￥3,944
10010	￥2,530	￥1,780	￥160	￥18	￥4,452

图 4-38 更新记录的执行结果

【例 4-22】 将工号为"10006"的职称调整为"教授"。

① SQL 命令如下：

UPDATE 职工档案

SET 职称="教授"

WHERE 工号="10006";

② 运行该更新查询,在出现的提示窗口中,单击"是"按钮后,表中的相关记录数据项得到更新,可以打开"职工档案"表进行查看。

【例 4-23】 多表更新查询,要求按照图 4-39 所示的"工资调整"表相应工号的工资涨幅值,在"职工工资"表中对基本工资进行调整。

① SQL 命令如下:

UPDATE 职工工资,工资调整

SET 基本工资=基本工资+工资涨幅

WHERE 职工工资.工号=工资调整.工号;

图 4-39 "工资调整"表

💻说明:本例中的更新是基于一个表中的记录信息改变另一表中相关的记录,涉及两个表,属于多表更新。因此,必须列出所涉及的两个表的名称。

② 运行该更新查询,在出现的提示窗口中,单击"是"按钮后,表中的相关记录数据项得到更新,可以打开"职工工资"表进行查看。

使用 SQL 的数据更新命令 UPDATE,用户可以方便地完成对表中数据的修改,尤其当表中的数据量很大时,通过对符合条件的记录进行批量修改可以有效地提高工作效率。

4.7 窗体

窗体是一种重要的数据库对象,是 Access 数据库重要的交互性界面,主要用于显示、修改和输入数据。

4.7.1 窗体的创建

在 Access 2010"创建"选项卡的"窗体"组中提供了多种创建窗体的按钮,包括"窗体""窗体设计""空白窗体""窗体向导""导航"和"其他窗体"6 个按钮,如图 4-40 所示。

"窗体"按钮:利用当前打开的数据表或查询快速自动创建一个窗体。

"窗体设计"按钮:进入窗体的设计视图,利用各种控件设计窗体。

图 4-40 "窗体"组

"空白窗体"按钮:一种快捷的窗体创建方法,适用于窗体上放置少量字段的情况。

"窗体向导"按钮:运用向导方式创建窗体。

可以利用快捷方式创建窗体,然后利用窗体的设计视图进行进一步的设计。

【例 4-24】 使用"窗体向导"创建一个显示职工信息的窗体。

具体操作步骤如下。

① 打开"窗体向导"对话框。打开"人事管理"数据库,在"创建"选项卡的"窗体"组中单击"窗体向导"按钮,打开"窗体向导"对话框。

② 选择数据源及字段。在"窗体向导"对话框中,从"表/查询"下拉列表中选择数据源为"表:职工档案"。从"可用字段"列表中选择所有字段,如图 4-41 所示,单击"下一步"按钮,进入选择窗体布局的界面。

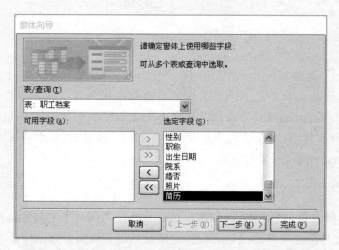

图 4-41 "窗体向导"对话框——选择表及字段

③ 选择窗体布局。此处选择"纵栏表"布局,如图 4-42 所示,然后单击"下一步"按钮,进入指定"窗体标题"界面。

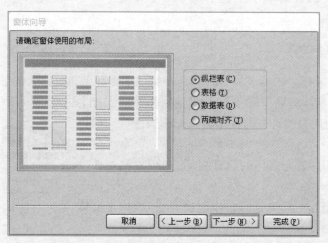

图 4-42 "窗体向导"对话框——选择窗体布局

④ 指定窗体标题。在窗体标题框中输入"职工信息",如图 4-43 所示,然后单击"完成"按钮,即可看到窗体显示界面,如图 4-44 所示。在导航窗格中,可以看到名为"职工信息"的窗体对象。

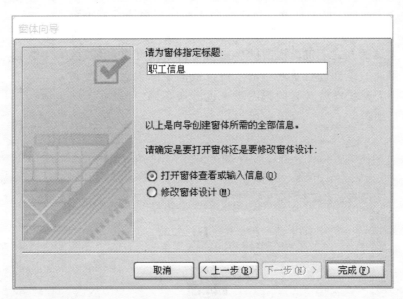

图 4-43 "窗体向导"对话框——指定窗体标题

图 4-44 "窗体向导"对话框——窗体运行界面

4.7.2 窗体的设计视图及其应用

图 4-45 窗体的视图

在 Access 2010 中,窗体的视图分为窗体视图、数据表视图、数据透视图视图、数据透视表视图、布局视图和设计视图,如图 4-45 所示。窗体在不同的视图中完成不同的任务。窗体视图用来运行窗体并显示数据。数据表视图、数据透视图视图、数据透视表视图是针对数据表或查询中数据的不同显示方式。布局视图的界面与窗体视图几乎一样,区别在于可以对里面的控件进行重新布局。设计视图用来设计、修改和美化窗体。不同类型的窗体具有的视图类型也有所不同,可以在不同的视图之间进行切换。

【例 4-25】 使用窗体设计视图创建一个如图 4-46 所示的显示职工信息的窗体。

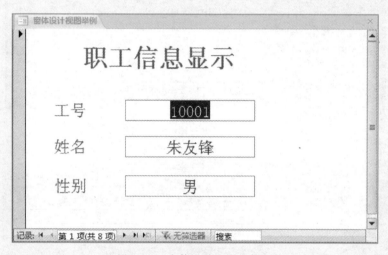

图 4-46 窗体设计视图的使用

具体操作步骤如下。

① 打开"人事管理"数据库,在"创建"选项卡"窗体"组中单击"窗体设计"按钮,打开窗体设计视图,如图 4-47 所示。

💻说明:

a. 如果不喜欢网格线,可以右击网格线,在弹出的快捷菜单中选择"网格"命令。

b. 如果想调整窗口的大小,可以将鼠标移到窗体的右下角,拖动即可。

c. 在窗体的设计视图中,窗体由多个部分组成,每部分称为"节"。所有的窗体都有"主体"节,还可以包含"窗体页眉"节、"页面页眉"节、"页面页脚"节和"窗体页脚"节。默认情况只有"主体"节,可以在窗体的快捷菜单中设置显示或隐藏其他节,如图 4-48 所示。

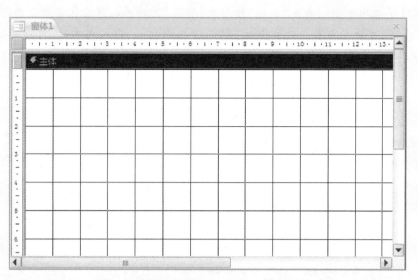

图 4-47　窗体设计视图

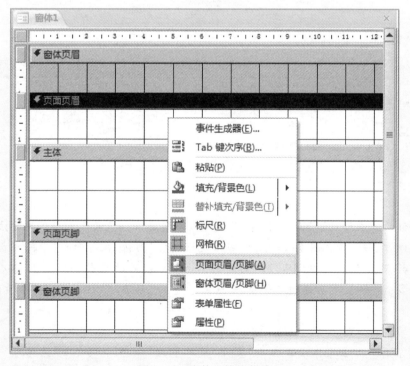

图 4-48　窗体的快捷菜单

② 在窗体上根据具体情况添加各种控件。进入窗体的设计视图后,功能区出现了"窗体设计工具"选项卡,由"设计""排列"和"格式"三个子选项卡组成,如图 4-49 ~ 图 4-51 所示,

控件在"设计"子选项卡中。单击"控件"组中的"标签"控件 $\mathbf{Aa}$,然后在窗体上单击,会出现一个光标输入点,即可输入文本。此处输入"职工信息显示"。输入文本后,可以通过控件的属性表或"格式"选项卡设置文本的格式。

图 4-49 "设计"子选项卡

图 4-50 "排列"子选项卡

图 4-51 "格式"子选项卡

使用类似的方法可以添加其他控件,此处介绍一种更加快捷的添加控件的方法:控件拖入法。具体操作方法是,单击图 4-49 中的"添加现有字段"按钮,在打开的"字段列表"窗格中设置所需要的数据源,然后将相应字段拖动到窗体上。可以同时选中多个控件(按住 Shift 键可以同时选定多个控件),然后通过"排列"子选项卡中的"对齐""大小/空格"等按钮设置它们的格式。

设计好的界面如图 4-52 所示。

③ 保存窗体。单击窗体或者选择"文件"菜单下的"保存"命令,在"另存为"对话框中为窗体设置合适的名称,此处取名为"窗体设计视图举例"。

④ 查看窗体运行结果。在窗体视图中可看到窗体的运行结果,如图 4-46 所示。

图 4-52 窗体设计视图的使用——设计好的窗体界面

【例 4-26】 使用窗体设计视图对如图 4-46 所示的窗体进行修改,增加两个按钮,实现查找记录与删除记录的功能,如图 4-53 所示。

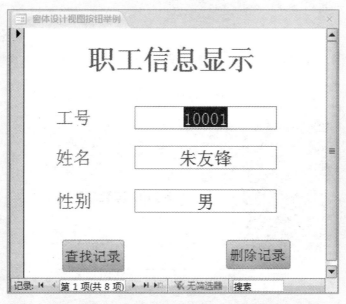

图 4-53 具有查找记录与删除记录功能的窗体

具体操作步骤如下。

① 打开窗体设计视图窗口。打开"人事管理"数据库，在导航窗格中选择窗体"窗体设计视图举例"，右击，在弹出的快捷菜单中选择"设计"命令，进入窗体的设计视图。选择"文件"菜单下的"对象另存为"命令，在弹出的"另存为"对话框中将窗体另存为"窗体设计视图按钮举例"。

② 在窗体上添加"查找记录"按钮。单击"设计"选项卡"控件"组中的"按钮"控件 ，然后在窗体设计视图窗口中单击，在窗体上便出现一个名称为 Command1 的按钮，同时出现如图 4-54 所示的"命令按钮向导"对话框。在对话框中"类别"列表中选择"记录导航"选项，在"操作"列表中选择"查找记录"选项，单击"下一步"按钮。

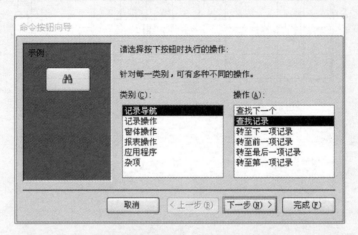

图 4-54　"查找记录"按钮的"命令按钮向导"对话框 1

在图 4-55 中确定在按钮上显示文本还是图片，此处选中"文本"单选按钮。

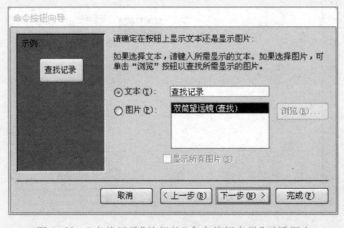

图 4-55　"查找记录"按钮的"命令按钮向导"对话框 2

在图 4-56 中指定按钮的名称以便于编程使用,此处设置为 Command1。

至此,"查找记录"按钮添加完成。

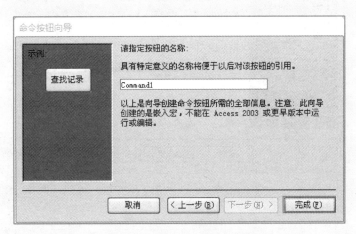

图 4-56　"查找记录"按钮的"命令按钮向导"对话框 3

③ 在窗体上添加"删除记录"按钮。用类似步骤②的方法添加"删除记录"按钮。"删除记录"按钮的向导对话框如图 4-57 ~ 图 4-59 所示。可以利用"排列"和"格式"子选项卡对两个按钮的位置、大小、外观等进行设置。

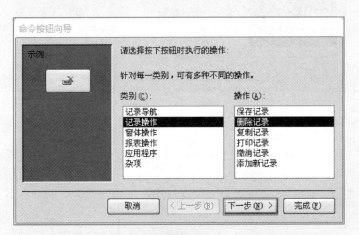

图 4-57　"删除记录"按钮的"命令按钮向导"对话框 1

④ 保存窗体。选择"文件"菜单下的"保存"命令,对窗体进行保存。

⑤ 查看窗体运行结果。单击"设计"选项卡"视图"组中的"窗体视图"按钮即可看到窗体运行结果,如图 4-53 所示。

单击"查找记录"按钮,弹出如图 4-60 所示的"查找和替换"对话框,在此对话框中可以进行记录的查找和替换。

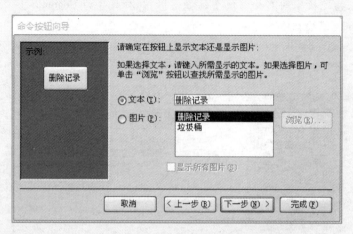

图 4-58 "删除记录"按钮的"命令按钮向导"对话框 2

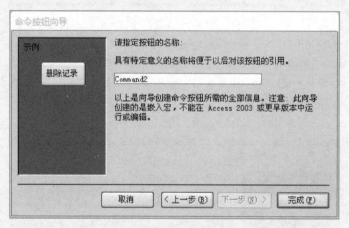

图 4-59 "删除记录"按钮的"命令按钮向导"对话框 3

单击"删除记录"按钮,弹出如图 4-61 所示的对话框,单击"是"按钮便可删除当前记录。

图 4-60 "查找和替换"对话框

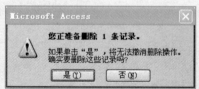

图 4-61 删除记录提示对话框

4.8 报表的基本操作

报表是一种数据库对象,它根据指定的规则打印输出格式化的数据信息。报表的功能包括显示格式化的数据;对数据进行计数、求和、求平均值等统计计算以及分组组织数据,对数据进行汇总;可以包含子报表及图表;打印输出标签、发票、订单及信封等多种样式;在报表中嵌入图像或图片来丰富数据显示的内容。

在 Access 2010 中报表的创建与窗体的创建很相似,在"创建"选项卡的"报表"组中提供了多种创建报表的按钮,如图 4-62 所示。既可以在设计视图中创建报表,也可以使用报表向导创建报表。使用设计器的优点是比较灵活,可以创建任意的报表,缺点是比较麻烦。使用报表向导的优点是快速、方便,缺点是不够灵活。下面通过一个实例讲解报表向导的使用方法。

图 4-62 "报表"组

【例 4-27】 使用报表向导创建一个打印职工信息的报表。

具体操作步骤如下。

① 打开报表向导窗口。打开"人事管理"数据库,在"创建"选项卡的"报表"组中单击"报表向导"按钮,打开"报表向导"对话框。

② 选择数据源表及字段。在"报表向导"对话框中,从"表/查询"下拉列表中选择数据源为"表:职工档案",从"可用字段"列表中选择所有字段,如图 4-63 所示,单击"下一步"按钮,进入添加分组级别界面。

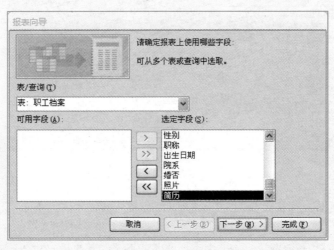

图 4-63 "报表向导"对话框——选择表及字段

③ 选择分组字段。如果需要分组,则选择欲分组的字段,此处不做选择,如图 4-64 所示。单击"下一步"按钮,进入排序次序选择界面。

图 4-64 "报表向导"对话框——添加分组级别

④ 设置排序次序。此处不设置字段的排列,如图 4-65 所示。单击"下一步"按钮,进入指定布局方式界面。

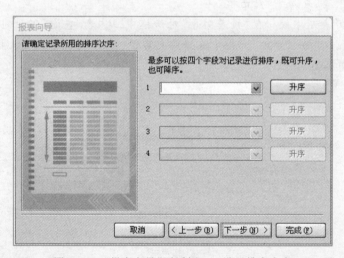

图 4-65 "报表向导"对话框——设置排序次序

⑤ 选择报表布局。此处选择"纵栏表"布局,如图 4-66 所示。单击"下一步"按钮,进入指定报表标题界面。

⑥ 指定报表标题,保存报表。在"请为报表指定标题"文本框中输入"职工信息报表",如图 4-67 所示。单击"完成"按钮,即可看到报表预览界面,如图 4-68 所示。该报表对象还可以在设计视图中打开并修改。

图 4-66 "报表向导"对话框——确定报表布局

图 4-67 "报表向导"对话框——指定报表标题

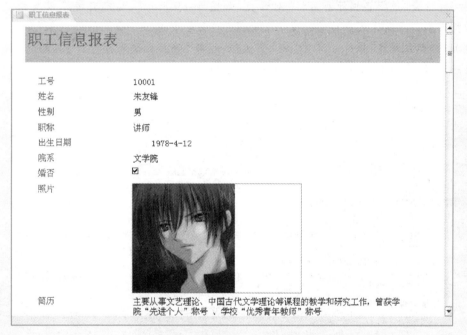

图 4-68 报表预览效果

在对报表进行预览时,单击工具栏中的"打印"按钮 即可将报表打印输出。

4.9 Access 与其他软件之间的数据共享

在实际应用中,不同的用户可能会以不同的应用程序来管理数据,这样就会形成不同文件格式的数据。Access 作为一款优秀的数据库管理系统软件,提供了对不同格式的数据进行存取的功能,实现了 Access 数据库与其他数据文件之间的数据共享。Access 能够存取的外部数据格式主要包括文本文件、Excel 文件、dBase 文件、HTML 文件、ODBC 数据库文件等。Access 2010 中实现数据共享的操作在功能区的"外部数据"选项卡中完成。

> 实验素材4-2:新
> 入职职工信息

4.9.1 数据导入

数据导入是将文本文件、电子表格文件或其他数据库中的数据复制到当前数据库的表中的操作,这样可以在 Access 中使用其他文件格式的数据。

【例4-28】 将 Excel 文件"新入职职工信息.xlsx"导入到"人事管理.accdb"数据库的"职工档案"表中。

具体操作步骤如下。

① 打开数据库文件"人事管理.accdb"。在"外部数据"选项卡的"导入并连接"组中单击 Excel 按钮,打开"选择数据源和目标"对话框,如图 4-69 所示。指定数据源以及指定数据在当前数据库中的存储方式和存储位置。此处选中"向表中追加一份记录的副本"单选按钮,将数据追加到"职工档案"表中。单击"确定"按钮,打开"导入数据表向导"对话框,选择合适的工资表或区域,如图 4-70 所示,单击"下一步"按钮。

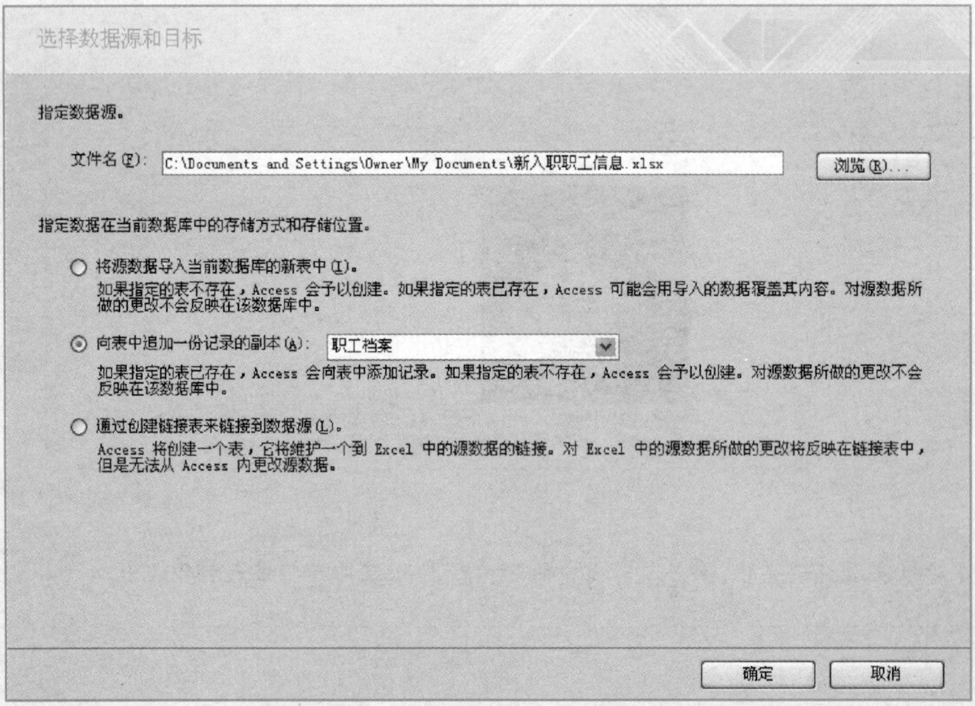

图 4-69 "选择数据源和目标"对话框

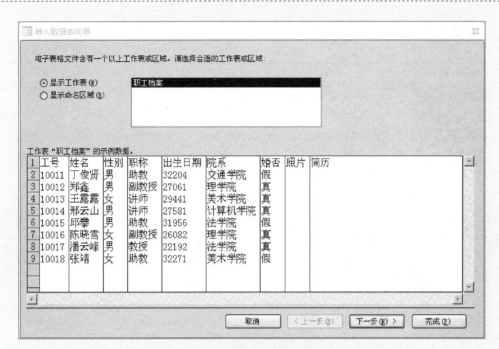

图 4-70　"导入数据表向导"对话框 1

②　在打开的"导入数据表向导"对话框中确定第一行是否包含列标题。本例勾选"第一行包含列标题"复选框,如图 4-71 所示。单击"下一步"按钮。

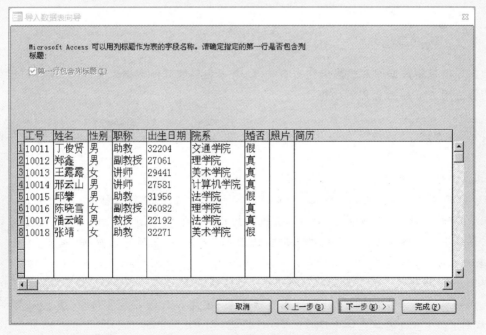

图 4-71　"导入数据表向导"对话框 2

③ 选择数据的保存位置。在"导入到表"文本框中输入"职工档案",如图 4-72 所示。单击"完成"按钮,即完成了数据的导入。

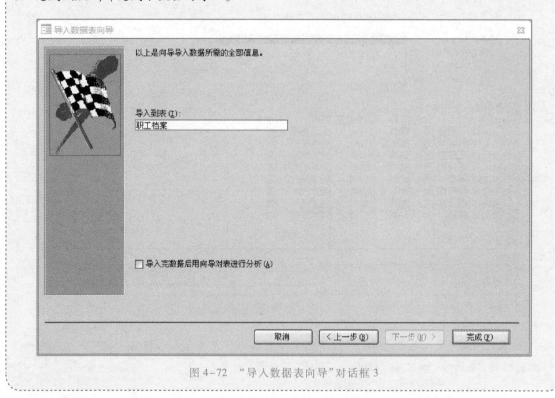

图 4-72 "导入数据表向导"对话框 3

4.9.2 数据导出

数据导出是将数据库对象输出到文本文件、电子表格或其他数据库文件中,这样可以使其他程序能够使用 Access 数据库的数据。

【例 4-29】 将数据库文件"人事管理.accdb"中的数据表"职工档案"导出为 Excel 工作簿。

具体操作步骤如下。

① 打开要导出数据的数据库文件"职工管理.accdb",打开"职工档案"表。

② 在"外部数据"选项卡的"导出"组中单击 Excel 按钮,打开"导出—Excel 电子表格"对话框,选择导出的位置及格式。这里采用默认设置,如图 4-73 所示。单击"确定"按钮,即可完成数据的导出。

Access 还提供了一种简单的导出为 Excel 文件的方法,打开 Access 数据库窗口和 Excel 文件,使 Access 数据库窗口和 Excel 窗口都显示出来,在 Access 的导航窗格中,直接把要导出的表拖拽到 Excel 窗口的单元格中即可。

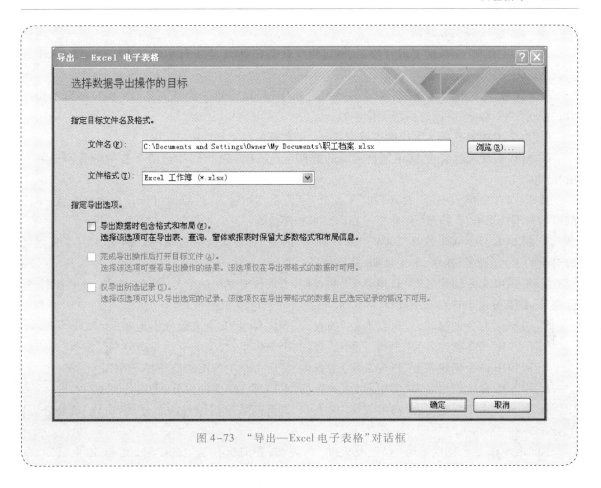

图 4-73 "导出—Excel 电子表格"对话框

实 验 指 导

实验　数据库的基本操作

实验目的：

1. 掌握关系型数据库的创建方法。

2. 掌握实现增、删、改、查的 SQL 命令的使用方法。

3. 掌握使用窗体、报表对象显示数据的方法。

实验内容：

1. 建立学生管理数据库，并按题目要求建立学生档案表和学生成绩表的表结构，建立两个表之间的关联，能够实施参照完整性检查。具体要求如下

① "学号"字段为文本型，形如 S-001，S-002，…，字母为大写（指的是学号字段的取值为 S-001，S-002，…形式）。

② "姓名"字段不允许为空（Null）。

③"性别"字段的默认值为"女"。

④"出生日期"字段的有效性规则:限定出生日期在 2001 年 1 月 1 日到 2005 年 12 月 31 日之间。

⑤"高数""英语""计算机"字段的类型为数字型,允许的数值范围是 0 ~ 100,保留 1 位小数;"总分""平均分"字段均保留 1 位小数。

⑥ 为学生档案表和学生成绩表建立关系,并实施参照完整性。

2. 向各表录入适量的、满足题目需要的数据(至少 10 条记录,注意两个表中学号字段的取值相同)。

要求:学生成绩表中的"总分"和"平均分"字段值不用输入,后续通过计算自动填充,各字段的取值范围应该合理、有效,并且要与查询要求相呼应。

3. 用 SQL 命令创建名为"2004 年以后男生"的查询,查询出生日期在 2004 年 1 月 1 日之后的男生的学号、姓名、性别、出生日期、家庭住址。

4. 用 SQL 命令创建名为"日期降序"的查询,查询所有学生的学号、姓名、性别、出生日期、家庭住址,要求按出生日期降序排序。

5. 用 SQL 命令创建名为"男女人数"的查询,查询男生、女生人数分别是多少。

6. 用 SQL 命令创建名为"平均身高"的查询,查询男生、女生的平均身高分别是多少。

7. 用 SQL 命令创建名为"修改成绩"的查询,将所有学生的英语成绩提高 5%。

8. 用 SQL 命令创建名为"学生总分"的查询,求出每个学生的总分、平均分。

9. 用 SQL 命令创建名为"高数成绩"的查询,查询高数这门课程的总分、平均分、最高分、最低分。

10. 用 SQL 命令创建名为"档案及成绩"的查询,查询所有学生的学号、姓名、出生日期、总分、平均分。

11. 创建一个名为"学生信息"的窗体,用以显示所有学生的学号、姓名、出生日期、总分、平均分。

12. 最后提交完成的数据库(学生管理 . accdb)文件。

第5章 计算机网络

网络已经跟人们的生活密切关联,手机需要联网,工作需要联网,每一个人都需要联网。网络的互联在日常的应用中主要是有线和无线两种。下面对经常使用的网络连接通过定义的介绍和实验进一步加强理解和掌握。

5.1 双绞线分类

在有线网络的互联中,双绞线显然是必不可少的。双绞线是一种用于电话通信和大多数以太网网络的铜缆类型。线对绞合在一起以提供串扰防护,串扰是由电缆中的相邻线对所产生的噪声。非屏蔽双绞线(UTP)布线是最常见的双绞线布线类型,如图5-1所示。屏蔽双绞线如图5-2所示。

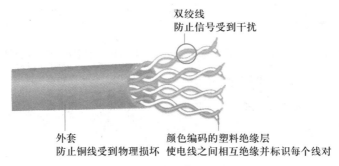

图5-1 非屏蔽双绞线

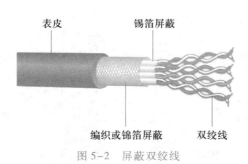

图5-2 屏蔽双绞线

网线根据在布线时用于连接同类设备还是非同类设备,主要分类两类,如图5-3所示。

一类是直通网线,网线两头的水晶头接口内4对线的布线一致或同为T568A或同为T568B,主要用于非同类设备。

一类是交叉网线,网线两头一头为 T568A,另一头为 T568B,主要用于同类设备互联。T568A 与 T568B 线对序列如图 5-4 所示。

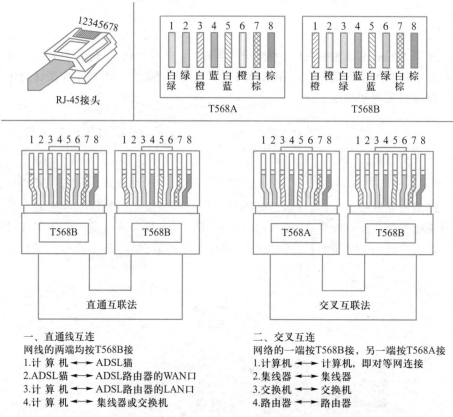

图 5-3 直通网线与交叉网线

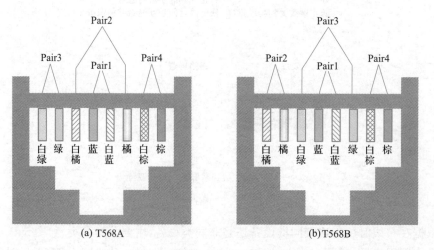

图 5-4 T568A 与 T568B 线对序列

5.2 简单网络命令

网络命令可以检查配置网络,了解当前网络状态。熟练使用网络命令可以对网络连接状况及各网络设备的运行情况加深理解。简单网络命令主要检测网络状态,查看网络配置。下面选择 ipconfig 命令、ping 命令、tracert 命令以及 nslookup 命令介绍功能。

① ipconfig 命令:用于显示、设置、启动和停止网络设备。通过此命令能够显示出正在使用的计算机的 IP 地址、子网掩码和默认网关等。当网络环境发生改变时,可通过此命令对网络进行相应的配置。ipconfig 命令的格式和参数解释如下。

ipconfig/all:显示本机 TCP/IP 配置的详细信息。

ipconfig/release:DHCP 客户端手工释放 IP 地址。

ipconfig/renew:DHCP 客户端手工向服务器刷新请求。

ipconfig/flushdns:清除本地 DNS 缓存内容。

ipconfig/displaydns:显示本地 DNS 内容。

ipconfig/registerdns:DNS 客户端手工向服务器进行注册。

ipconfig/showclassid:显示网络适配器的 DHCP 类别信息。

ipconfig/setclassid:设置网络适配器的 DHCP 类别。

在本地计算机中输入 ipconfig/all,截取最后部分显示结果,如图 5-5 所示。

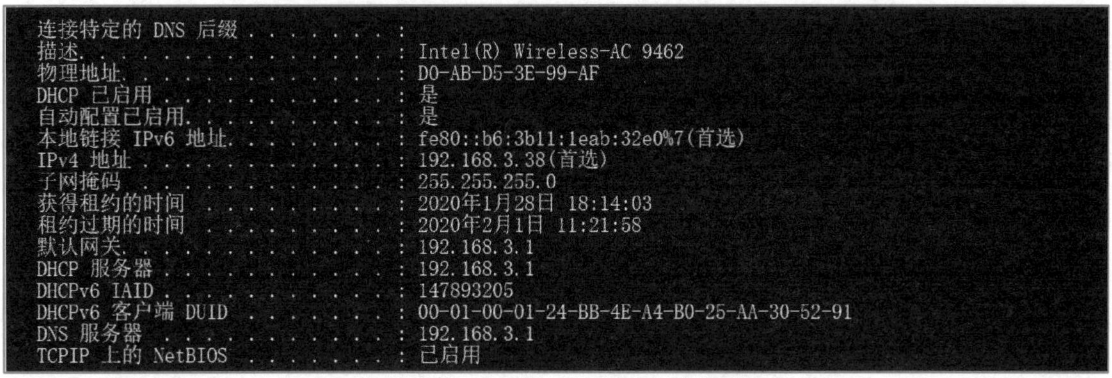

```
连接特定的 DNS 后缀 . . . . . . . :
描述. . . . . . . . . . . . . . : Intel(R) Wireless-AC 9462
物理地址. . . . . . . . . . . . : D0-AB-D5-3E-99-AF
DHCP 已启用 . . . . . . . . . . : 是
自动配置已启用. . . . . . . . . : 是
本地链接 IPv6 地址 . . . . . . . : fe80::b6:3b11:1eab:32e0%7(首选)
IPv4 地址 . . . . . . . . . . . : 192.168.3.38(首选)
子网掩码. . . . . . . . . . . . : 255.255.255.0
获得租约的时间 . . . . . . . . : 2020年1月28日 18:14:03
租约过期的时间 . . . . . . . . : 2020年2月1日 11:21:58
默认网关. . . . . . . . . . . . : 192.168.3.1
DHCP 服务器 . . . . . . . . . . : 192.168.3.1
DHCPv6 IAID . . . . . . . . . . : 147893205
DHCPv6 客户端 DUID . . . . . . . : 00-01-00-01-24-BB-4E-A4-B0-25-AA-30-52-91
DNS 服务器 . . . . . . . . . . : 192.168.3.1
TCPIP 上的 NetBIOS . . . . . . . : 已启用
```

图 5-5 ipconfig/all 截取部分运行结果

② ping 命令:用于检查网络是否通畅和网络连接的速度。简单地说,网络上的机器都有唯一确定的 IP 地址,给目标 IP 地址发送一个数据包,就会返回一个同样大小的数据包,根据返回的数据包可以确定目标主机是否存在,获得网络是否通畅以及连接速度等信息。根据数据包返回时间和丢包率,可以大致判断网络是否稳定。

ping 返回的异常信息如表 5-1 所示。

表 5-1 使用 ping 命令返回的异常信息及说明

异常信息	说明
Request Timed Out	表示对方主机可以到达但是连接超时,这种情况通常是对方拒绝接受发给它的数据包而造成的数据包丢失。原因可能是对方装有防火墙
Destination Host Unreachable	表示对方主机不存在或者没有与对方建立连接
Bad IP Address	表示可能没有连接到 DNS 服务器,所以无法解析这个 IP 地址,也可能是 IP 地址不存在
Source Question Received	表示对方或中途的服务器繁忙无法回应

ping 127.0.0.1∥检测网卡是否正常,如图 5-6 所示。

ping 路由器地址∥检测路由器与计算机连接是否正常。

ping 网址∥检测是否可以连接网络,如图 5-7 所示。

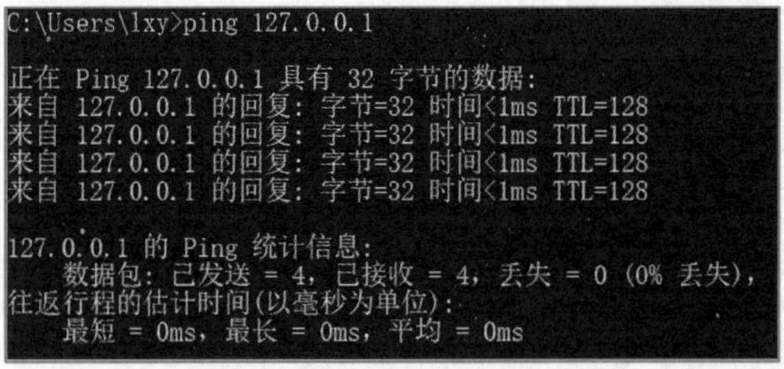

图 5-6 ping 127.0.0.1 运行结果

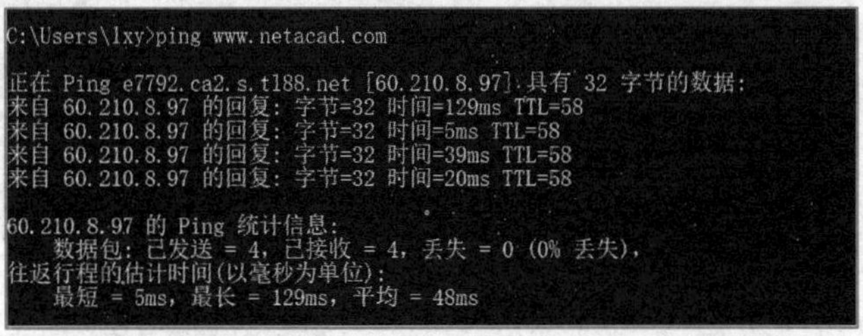

图 5-7 ping www.netacad.com 运行结果

③ tracert 命令:用于显示源主机到目标主机之间所经过网关的命令。tracert 命令用 IP 生存时间(TTL)字段和 ICMP 错误消息来确定从一个主机到网络上其他主机的路由。首先,tracert 发送一个 TTL 是 1 的 IP 数据包到目的地址,当路径上的第一个路由器收到这个数据包时,TTL 将会减 1,此时 TTL 变为 0,该路由器将此数据包丢弃,并返回一个 ICMP time exceeded 消息(包括发 IP 包的源地址,IP 包的所有内容及路由器的 IP 地址)。tracert 收到这个消息后,便知道这个路由器在路径上,接着 tracert 再发送一个 TTL 是 2 的数据包,继而发现第二个路由器。依此规律,tracert 每次通过将发送方的数据包的 TTL 加 1 来发现下一个路由器,一直持续到某个数据包抵达目的地。当数据包到达目的地后,该主机不会返回 ICMP time exceeded 消息,此时 tracert 通过 UDP 数据包向不常见端口(30000 以上)发送数据包,会收到 ICMP port unreachable 消息,因此可判断数据包到达目的地。tracert 命令运行结果如图 5-8 所示。

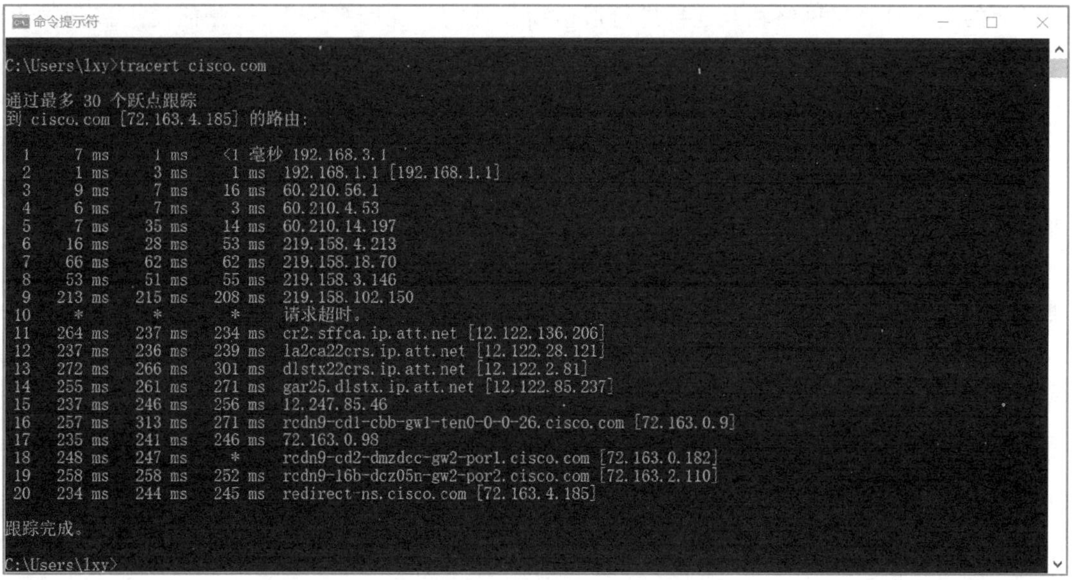

```
命令提示符

C:\Users\lxy>tracert cisco.com

通过最多 30 个跃点跟踪
到 cisco.com [72.163.4.185] 的路由:

  1     7 ms     1 ms    <1 毫秒 192.168.3.1
  2     1 ms     3 ms     1 ms  192.168.1.1 [192.168.1.1]
  3     9 ms     7 ms    16 ms  60.210.56.1
  4     6 ms     7 ms     3 ms  60.210.4.53
  5     7 ms    35 ms    14 ms  60.210.14.197
  6    16 ms    28 ms    53 ms  219.158.4.213
  7    66 ms    62 ms    62 ms  219.158.18.70
  8    53 ms    51 ms    55 ms  219.158.3.146
  9   213 ms   215 ms   208 ms  219.158.102.150
 10     *        *        *     请求超时。
 11   264 ms   237 ms   234 ms  cr2.sffca.ip.att.net [12.122.136.206]
 12   237 ms   236 ms   239 ms  la2ca22crs.ip.att.net [12.122.28.121]
 13   272 ms   266 ms   301 ms  dlstx22crs.ip.att.net [12.122.2.81]
 14   255 ms   261 ms   271 ms  gar25.dlstx.ip.att.net [12.122.85.237]
 15   237 ms   246 ms   256 ms  12.247.85.46
 16   257 ms   313 ms   271 ms  rcdn9-cd1-cbb-gw1-ten0-0-0-26.cisco.com [72.163.0.9]
 17   235 ms   241 ms   246 ms  72.163.0.98
 18   248 ms   247 ms     *      rcdn9-cd2-dmzdcc-gw2-por1.cisco.com [72.163.0.182]
 19   258 ms   258 ms   252 ms  rcdn9-16b-dcz05n-gw2-por2.cisco.com [72.163.2.110]
 20   234 ms   244 ms   245 ms  redirect-ns.cisco.com [72.163.4.185]

跟踪完成。

C:\Users\lxy>
```

图 5-8　tracert cisco. com 运行结果

④ nslookup 命令：也称为域名服务器查询（name server lookup），主要用来诊断域名系统（DNS）基础结构的信息。先输入 nslookup，并按 Enter 键。本地域名服务器地址 192.168.3.1，做好准备进行查找或解析域名和 IP 地址。例如，输入 cisco.com，解析为两个 IP 地址。IPv4 地址 72.163.4.185，IPv6 地址 2001：420：1101：1：：185。输入 quit 退出查询。也可以反向查询。nslookup 命令运行结果如图 5-9 所示。

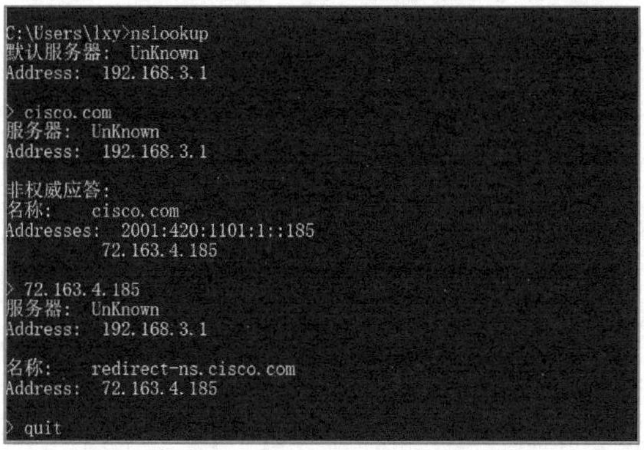

```
C:\Users\lxy>nslookup
默认服务器:  UnKnown
Address:  192.168.3.1

> cisco.com
服务器:  UnKnown
Address:  192.168.3.1

非权威应答:
名称:    cisco.com
Addresses:  2001:420:1101:1::185
          72.163.4.185

> 72.163.4.185
服务器:  UnKnown
Address:  192.168.3.1

名称:    redirect-ns.cisco.com
Address:  72.163.4.185

> quit
```

图 5-9　nslookup cisco. com 运行结果

5.3　IPv4 与 IPv6

什么是 IP、IP 地址？IP 的作用是什么？

IP（Internet protocol）即网络之间互联协议的英文缩写，中文缩写为“网协”，网络之间互连的协议的目的是为计算机网络相互连接进行通信而设计的。在因特网中,它是能使连接到网上的所有计算机网络实现相互通信的一套规则,规定了计算机在因特网上进行通信时应当遵守的规则。任何厂家生产的计算机系统,只要遵守 IP 协议就可以与因特网互连互通。

IP 地址(Internet protocol address)是指互联网协议地址,IP 地址是 IP 协议提供的一种统一的地址格式,它为互联网上的每一个网络和每一台主机分配一个逻辑地址,以此来屏蔽物理地址的差异。

MAC 地址是每块网卡的硬件地址,用于数据链路层的帧传递;IP 地址是网络层地址(也称逻辑地址),用于路由器寻址。

IP 地址是 TCP/IP 协议通信的基础,每一个连接到网络上的计算机都必须要有唯一的 IP 加以识别。

5.3.1　IPv4

IPv4 地址是为每一个连接在互联网上的主机分配的一个 32 位的地址,以点分十进制表示,如 192.168.0.1,且每段所能表达的十进制数最大不超过 255。

IPv4 地址是分层的,由两部分组成,即网络号和主机号。网络号标识的是互联网上的一个子网,而主机号标识的是子网中的某台主机。

1. IPv4 分类

IPv4 地址根据网络的大小和功能分为 5 类,如图 5-10 所示。

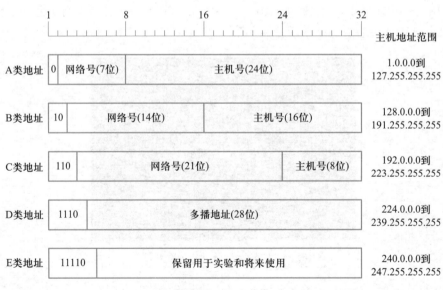

图 5-10　IPv4 分类

(1) A 类地址

① A 类地址网络号第一位固定为 0,其余 7 位可以分配,主机号长度为 24 位。

② 网络号分配的数量为 2^7=128,地址范围为 1.0.0.0 ~ 127.255.255.255。

③ 10.0.0.0～10.255.255.255 是私有地址(所谓的私有地址就是在互联网上不使用,而被用在局域网络中的地址,路由器接收到私有地址,不会向互联网转发)。

④ 127.0.0.0～127.255.255.255 是保留地址,是循环测试用的。

⑤ 0.0.0.0～0.255.255.255 也保留用作特殊用途。

⑥ 网络号可分配的只有 125 个,每个网络段的主机号可以分配的只有 $2^{24}-2=16\,777\,214$ 个(主机号全 0 和主机号全 1 保留)。

（2）B 类地址

① B 类地址网络号第 1、2 位固定为 10,其余 14 位可以分配,主机号长度为 16 位。

② 地址范围为 128.0.0.0～191.255.255.255。

③ 172.16.0.0～172.31.255.255 是私有地址。

④ 169.254.0.0～169.254.255.255 是保留地址(如果你的 IP 地址是自动获取 IP 地址,而你在网络上又没有找到可用的 DHCP 服务器,就会得到其中一个 IP)。

⑤ 每个网络段可分配的主机号数为 $2^{16}-2=65\,534$(主机号全 0 和主机号全 1 保留)。

（3）C 类地址

① C 类地址网络号前 3 位固定为 110,其余 21 位可以分配,主机号长度为 8 位。

② C 类地址范围:192.0.0.0～223.255.255.255。

③ 192.168.0.0～192.168.255.255 是私有地址。

④ 网络号可分配的块数为 $2^{21}=2\,097\,152$,每块网络号可分配的主机号数为 $2^{8}-2=254$(主机号全 0 和主机号全 1 保留)。

（4）D 类地址

D 类 IP 地址不标识网络,前 4 位固定为 1110,地址范围为 224.0.0.0～239.255.255.255,用作特殊用途,如多播地址。

（5）E 类地址

E 类地址不分网络地址和主机地址,它的第 1 个字节的前 4 位固定为 1111。E 类地址范围:240.0.0.0～255.255.255.255,用于某些实验和将来使用。

A 类地址中 127.0.0.0 是回送地址,它是一个保留地址。

2. IPv4 地址的子网划分

子网划分的思想:借用主机号的一部分作为子网的子网号,划分出更多的子网 IPv4 地址,对于外网来说这些子网仍然像一个网络一样,这对于路由器的寻址没有影响。

标准的 ABC 类 IPv4 地址是两级结构:网络号—主机号,而划分子网后,IP 地址的结构为三级结构:网络号—子网号—主机号;同一个子网的主机,网络号和子网号必须相同;子网之间的距离必须很近,如一个公司或者校园内。

引入子网后,如何从 IP 地址中提取出子网号?子网掩码就是用来解决这个问题的。子网掩码(subnet mask)又叫网络掩码、地址掩码,必须结合 IP 地址一起对应使用。子网掩码的作用:从一个 IP 地址中提取出子网号。子网掩码和 IP 地址做"与"运算,分离出 IP 地址中的网络地址和主机地址。子网掩码还用于将网络进一步划分为若干子网,以避免主机过多而拥堵或过少而造成 IP 浪费。

子网掩码的表示:网络号和子网号全改为 1,主机号全改为 0,如图 5-11 所示。

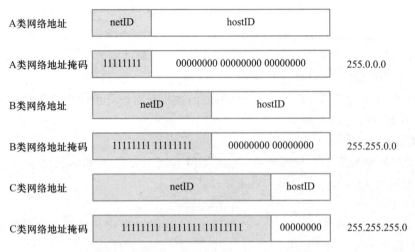

图 5-11　网络号+主机号结构

为什么要使用子网掩码？

在如图 5-12 所示的拓扑中，A 与 B，C 与 D，都可以直接相互通信（都是属于各自同一网段，不用经过路由器），但是 A 与 C，A 与 D，B 与 C，B 与 D 它们之间不属于同一网段，所以它们通信要经过本地网关，然后路由器根据对方 IP 地址，在路由表中查找恰好有匹配到对方 IP 地址的直连路由，于是从另一边网关接口转发出去实现互连。

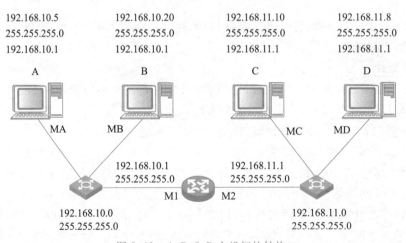

图 5-12　A、B、C、D 主机拓扑结构

子网掩码的写法：点分十进制表示法，如 255.255.255.0；CIDR 斜线记法（IP 地址/n），如 192.168.1.100/24。

例如，172.16.198.12/20，其子网掩码表示为 255.255.240.0，二进制表示为 11111111.1 1111111.11110000.00000000。不难发现，其中共有 20 个 1，所以，CIDR 斜线记法（IP 地址/n）中，n 是 20。运营商 ISP 常用这样的方法给客户分配 IP 地址。

【例 5-1】 一个 B 类 IP 地址的子网划分,如图 5-13 所示。

该 B 类 IP 地址 190.1.2.26,划分出 64 个子网,因为 $2^6 = 64$。

借用原 16 位主机号的 6 位作为子网号,剩余 10 位为主机号。

根据子网掩码的格式,得出子网掩码为 255.255.252.0,或表示成 190.1.2.26/22(/22 表示第 22 位开始为主机号)。

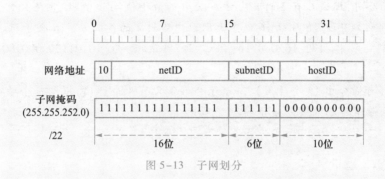

图 5-13 子网划分

【例 5-2】 一个校园网要对一个 B 类地址(156.26.0.0)进行子网划分。该校园网由近 210 个局域网组成。

由于有 210 个局域网,210 最接近 $2^8 = 256$,借用原 16 位主机号的 8 位作为子网号,剩余 8 位为主机号。

根据子网掩码的格式,得出子网掩码为 255.255.255.0,或表示成 156.26.0.0/24(/24 表示第 24 位开始为主机号)。

以上子网划分结果如表 5-2 所示。

表 5-2 子网划分结果

子网 1	156.26.1.1 ~ 156.26.1.254
子网 2	156.26.2.1 ~ 156.26.2.254
……	
子网 254	156.26.254.1 ~ 156.26.254.254

至于子网 0:156.26.0.1 ~ 156.26.0.254 和子网 255:156.26.255.1 ~ 156.26.255.254,即子网号是否能够为全 0 或者全 1,值得商榷!

由于主机号不能全为 1 或者全为 0,每个子网的主机号有 254 个

子网长度的确定,应考虑两个因素:子网数与每个子网中主机与路由器数。子网数要考虑留有一定余量为原则

【例 5-3】 一家集团公司有 12 家子公司,每家子公司又有 4 个部门。上级给出一个 172.16.0.0/16 的网段,让给每家子公司以及子公司的部门分配网段。

思路:既然有 12 子公司,那么就要划分 12 个子网段,但是每家子公司又有 4 个部门,因此又要在每家子公司所属的网段中划分 4 个子网分配给各部门。

步骤:先划分各子公司的所属网段。

有 12 家子公司,那么就有 2 的 n 次方 ≥ 12,n 的最小值 $=4$。因此,网络位需要向主机位借 4 位。那么就可以从 172.16.0.0/16 这个大网段中划出 2 的 4 次方 $=16$ 个子网。

详细过程:先将 172.16.0.0/16 用二进制表示为 10101100.00010000.00000000. 00000000/16。

借 4 位后(可划分出 16 个子网):每个子公司下又有 4 个部门,得到每个子公司的网络号后,在子公司网号下可以继续划分子网。

5.3.2 IPv6 地址

IPv6 是 IPv4 的升级版,分配 128 位二进制描述地址。采用"冒号十六进制表示法",将 128 位地址按每 16 位划分为一个位段,每个位段转换为一个 4 位的十六进制数表示。例如,128 位二进制数 0010000111011010000000000000000000000000000000000000000001010101 0100000000000000111111111110000010001001110001011010 转换为十六进制数,如表 5-3 所示。

表 5-3 128 位二进制数转换为十六进制数

二进制	00100001	1011010	00000000	00000000
十六进制	21	DA	00	00
二进制	00000000	00000000	00000000	00000000
十六进制	00	00	00	00
二进制	00000010	10101010	00000000	00001111
十六进制	02	AA	00	0F
二进制	11111110	00001000	10011100	01011010
十六进制	FE	08	9C	5A

冒号十六进制表示法:

21DA:0000:0000:0000:02AA:000F:FE08:9C5A

如果某段存在几位都是 0 的情况,可以使用零压缩法压缩。

零压缩法:00D3(D3),02AA(2AA),000A(A),0000(0),但是 AB08 不能压缩为 AB8。

零压缩后可表示为

21DA:0:0:0:2AA:F:FE08:9C5A

如果存在几个连续位段都是 0,可以用"双冒号表示法":

21DA::2AA:F:FE08:9C5A

如何确定冒号省略的段数？方法是,8-现有段数=冒号省略的段数。

IPv6 的前缀:在 IPv4 中,子网掩码用来表示网络和子网地址长度。IPv6 用前缀长度来区分子网号和主机号。而 IPv6 不支持子网掩码,只支持前缀长度表示法,用"地址/前缀长度"表示。64 位前缀是一个子网前缀,少于 64 位的前缀是一个路由前缀,或是一个地址范围。例如:

21DA∶D3∶∶/48 是一个路由前缀

21DA∶D3∶0∶2∶2F3B∶∶/64 是一个子网前缀

IPv6 的结构如图 5-14 所示。

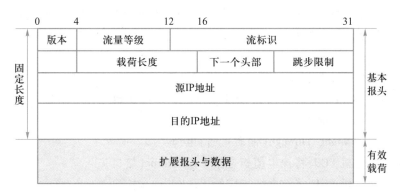

图 5-14   IPv6 的结构

下面介绍 IPv4 和 IPv6 共存的隧道技术。

隧道技术指的是 IPv6 分组进入 IPv4 网络时,将 IPv6 分组封装成 IPv4 分组,整个 IPv6 分组变成 IPv4 的数据部分。当 IPv4 分组离开 IPv4 网络时,再将其数据部分交给主机 IPv6 协议,这就像在 IPv4 网络中打通了一个隧道来传输 IPv6,如图 5-15 所示。

图 5-15   IPv4 和 IPv6 共存的隧道技术

实 验 指 导

实验一   Packet Tracer——简单网络布线

实验目的:

1. 深入了解 Packet Tracer 的基本功能。

2. 使用两台主机创建一个简单网络。

3. 了解使用正确电缆类型连接 PC 的重要性。

💻 实验内容:

在 Packet Tracer 下完成实验内容,掌握使用两台主机创建一个简单网络。

第 1 步:使用两台 PC 创建一个网络图。

Packet Tracer 屏幕左下角显示了代表设备类别或组的图标,如路由器、交换机或终端设备。

将光标移到设备类别上,在各行设备中间的方框内显示类别的名称。要选择一个设备,首先选择设备类别。选择设备类别后,该类别内的选项将显示在类别列表的方框中。选择所需的设备选项。

① 从左下角的选项中选择 End Devices(终端设备)。

② 将两个通用 PC(PC-PT)拖放到 Logical Workspace(逻辑工作空间)。

③ 从左下角选择 Connections(连接)。

④ 选择 Copper Straight-Through(铜质直通)电缆类型。

⑤ 单击第一台主机 PC0,将该电缆指定给 FastEthernet 接口。

⑥ 单击第二台主机 PC1,将该电缆指定给 FastEthernet 接口。

⑦ 红点指示电缆类型不正确。

单击 Packet Tracer 右侧的红色 X。这将允许删除 Copper Straight-Through(铜质直通)电缆。

⑧ 将光标移至电缆,并单击电缆将其删除。

⑨ 选择 Copper Cross-Over(铜质交叉)电缆类型。

⑩ 单击第一台主机 PC0,将该电缆指定给 FastEthernet 接口。

⑪ 单击第二台主机 PC1,将该电缆指定给 FastEthernet 接口。

电缆两端的绿点指示电缆类型正确。

第 2 步:在 PC 上配置主机名和 IP 地址。

① 单击 PC0。打开 PC0 窗口。

② 从 PC0 窗口选择 Config(配置)选项卡。

③ 将 PC Display Name(显示名称)改为 PC-A。

④ 选择左侧的 FastEthernet0 选项卡。

⑤ 在 IP Configuration(IP 配置)区域输入 IP 地址 192.168.1.1 和子网掩码 255.255.255.0。

⑥ 单击右上角的 X 按钮关闭 PC-A 配置窗口。

⑦ 单击 PC1。打开 PC1 窗口。

⑧ 从 PC1 窗口选择 Config(配置)选项卡。

⑨ 将 PC Display Name(显示名称)改为 PC-B。

⑩ 选择左侧的 FastEthernet0 选项卡。

⑪ 在 IP Configuration(IP 配置)区域输入 IP 地址 192.168.1.2 和子网掩码 255.255.255.0。

⑫ 单击 PC-A,然后单击 Desktop(桌面)选项卡。

⑬ 单击"命令提示符"。

⑭ 输入 ping 192.168.1.2(这是另一台计算机的地址)。

⑮ 单击右上角的 X 按钮关闭 PC-B 配置窗口。

第 3 步:将这些计算机连接到一台交换机。

① 删除 Copper Cross-Over(铜质交叉)电缆。

② 从左下角的选项中选择 Switches(交换机)。

③ 将一台 2960 交换机拖放到 Logical Workspace(逻辑工作空间)。

④ 从左下角选择 Connections(连接)。

⑤ 选择 Copper Straight-Through(铜质直通)电缆类型。

⑥ 单击第一台主机 PC-A,将该电缆指定给 FastEthernet0 接口。

⑦ 单击交换机 Switch0,并选择连接端口 FastEthernet0/1 连接到 PC-A。

大约一分钟后,两个绿点应该会显示在 Copper Straight-Through(铜质直通)电缆的两侧。这表示电缆类型使用正确。

⑧ 再次单击 Copper Straight-Through(铜质直通)电缆类型。

⑨ 单击第二台主机 PC-B,将该电缆指定给 FastEthernet0 接口。

⑩ 单击交换机 Switch0,并单击 FastEthernet0/2 连接到 PC-B。

⑪ 单击 PC-B,然后单击 Desktop(桌面)选项卡。

⑫ 单击"命令提示符"。

⑬ 输入 ping 192.168.1.1。这是另一台计算机的地址。

⑭ 单击该说明窗口底部的 Check Results(检查结果)按钮检查该拓扑是否正确。

Assessment Items(评估项目)选项卡将会显示本练习中每个项目的得分。

Packet Tracer 下更多实验可以查阅自带的相关材料。

实验素材5-1:
Packet Tracer

实验二　简单网络命令实验

实验目的:

1. 掌握简单网络命令——ipconfig 命令、ping 命令、tracert 命令以及 nslookup 命令的使用方法。

2. 学会使用简单网络命令获取网络信息的方法,测试网络状况。

3. 学会网络问题排查、诊断与分析的方法。

实验内容:

学习每个简单网络命令的作用及参数的含义。使用命令查看网络配置,检测网络状态和跟踪路由等。

第 1 步:Windows 10 下,单击任务栏左侧的"搜索"图标,输入 cmd,找到匹配的"命令提示符"应用,继续按 Enter 键,打开"命令提示符"窗口,如图 5-16 所示。

第 2 步:ipconfig 命令的使用。

① 在"命令提示符"窗口中输入 ipconfig,查看本地连接的 IP 地址信息、子网掩码、默认网关,如图 5-17 所示。

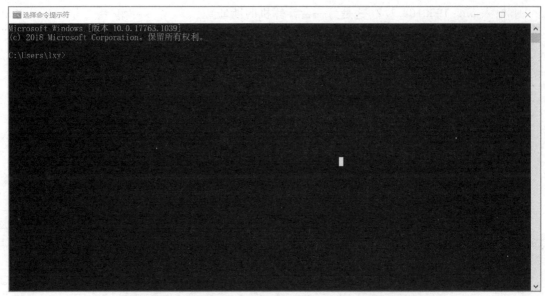

图 5-16　"命令提示符"窗口

图 5-17　ipconfig 运行结果

② 在"命令提示符"窗口中继续输入 ipconfig/all,得到本地连接更详尽的 IP 地址相关信息,除了有 IP 地址信息、子网掩码、默认网关信息外,还包括了本地终端的物理地址、DHCP 服务器信息等,如图 5-18 所示。

图 5-18　ipconfig/all 运行结果

可以继续从网络搜索 ipconfig 命令其他的功能和参数。

第 3 步:ping 命令的使用。

① 在"命令提示符"窗口中输入 ping 127.0.0.1。127.0.0.1 是回送地址,指本地机,一般用来测试。回送地址(127.x.x.x)是本机回送地址(loopback address),即主机 IP 堆栈内部的 IP 地址,主要用于网络软件测试以及本地机进程间通信,无论什么程序,一旦使用回送地址发送数据,协议软件立即返回,不进行任何网络传输。能"ping 通",说明网络连接正常,TCP/IP 协议栈没问

题。如果有问题,就要检查 TCP/IP 协议栈,或者重新安装 TCP/IP。运行情况如图 5-19 所示。

```
C:\Users\lxy>ping 127.0.0.1

正在 Ping 127.0.0.1 具有 32 字节的数据:
来自 127.0.0.1 的回复: 字节=32 时间<1ms TTL=128
来自 127.0.0.1 的回复: 字节=32 时间<1ms TTL=128
来自 127.0.0.1 的回复: 字节=32 时间<1ms TTL=128
来自 127.0.0.1 的回复: 字节=32 时间<1ms TTL=128

127.0.0.1 的 Ping 统计信息:
    数据包: 已发送 = 4,已接收 = 4,丢失 = 0 (0% 丢失),
往返行程的估计时间(以毫秒为单位):
    最短 = 0ms,最长 = 0ms,平均 = 0ms
```

图 5-19 ping 127.0.0.1 运行结果

② 在"命令提示符"窗口中输入 ping 192.168.3.1。192.168.3.1 是 DNS 服务器地址,响应时间和 127.0.0.1 不同,如图 5-20 所示。

③ 在"命令提示符"窗口中输入 ping cisco.com。还可以通过 ping 域名来测试网络连接情况。运行结果如图 5-21 所示。

```
C:\Users\lxy>ping 192.168.3.1

正在 Ping 192.168.3.1 具有 32 字节的数据:
来自 192.168.3.1 的回复: 字节=32 时间=1ms TTL=64
来自 192.168.3.1 的回复: 字节=32 时间=1ms TTL=64
来自 192.168.3.1 的回复: 字节=32 时间=1ms TTL=64
来自 192.168.3.1 的回复: 字节=32 时间=1ms TTL=64

192.168.3.1 的 Ping 统计信息:
    数据包: 已发送 = 4,已接收 = 4,丢失 = 0 (0% 丢失),
往返行程的估计时间(以毫秒为单位):
    最短 = 1ms,最长 = 1ms,平均 = 1ms
```

图 5-20 ping 192.168.3.1 运行结果

```
C:\Users\lxy>ping cisco.com

正在 Ping cisco.com [72.163.4.185] 具有 32 字节的数据:
来自 72.163.4.185 的回复: 字节=32 时间=251ms TTL=236
来自 72.163.4.185 的回复: 字节=32 时间=260ms TTL=236
来自 72.163.4.185 的回复: 字节=32 时间=249ms TTL=236
来自 72.163.4.185 的回复: 字节=32 时间=257ms TTL=236

72.163.4.185 的 Ping 统计信息:
    数据包: 已发送 = 4,已接收 = 4,丢失 = 0 (0% 丢失),
往返行程的估计时间(以毫秒为单位):
    最短 = 249ms,最长 = 260ms,平均 = 254ms
```

图 5-21 ping cisco.com 运行结果

可以继续从网络搜索 ping 命令的其他的功能和参数,如图 5-22 所示。

图 5-22 ping 命令其他参数和功能

第 4 步:tracert 命令的使用。

在"命令提示符"窗口中继续输入 tracert cisco.com。tracert 命令也可测试网络连接。tracert

命令返回路径中每个路由器或每一跳的应答,直到其到达目的地。tracert cisco.com 的运行结果如图 5-23 所示。

图 5-23 tracert cisco.com 运行结果

从路径追踪中可以看到到达思科服务器的具体路径,城市到城市,或路由器到路由器。

第 5 步:nslookup 命令的使用。

① nslookup 命令将域名解析为 IP 地址,也称为域名服务器查询,也可测试网络连接。在"命令提示符"窗口中继续输入 nslookup,按 Enter 键。查询到本地域名服务器位于 192.168.3.1,准备查询解析域名与 IP 地址。

② 输入 cisco.com,按 Enter 键,得到思科服务器 IPv6 地址 2001∶420∶1101∶1∶∶185,IPv4 地址 72.163.4.185。

③ 输入 72.163.4.185,按 Enter 键,得到思科服务器域名查询信息 redirect-ns.cisco.com。

运行结果如图 5-24 所示。

可以继续输入感兴趣的域名,验证域名解析命令,如域名 taobao.com.cn,nslookup 运行结果如图 5-25 所示。最后,输入 quit 退出 nslookup 命令。

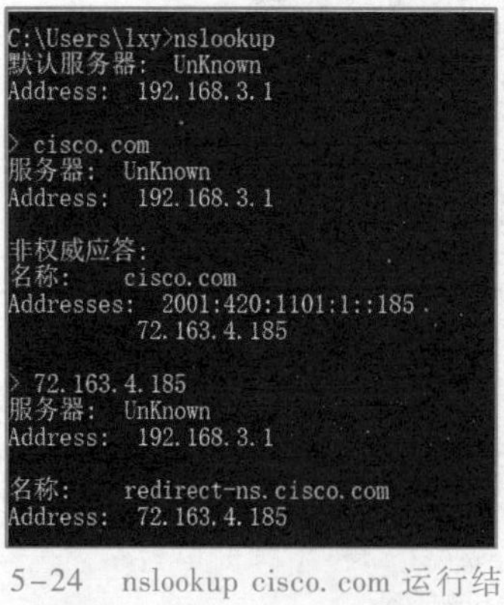

图 5-24 nslookup cisco.com 运行结果 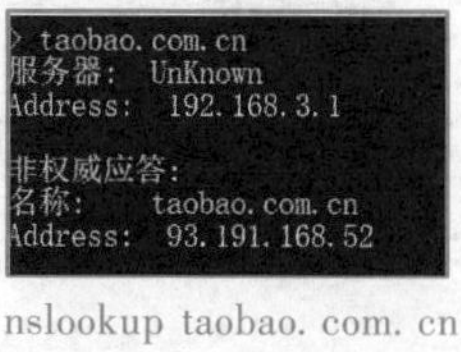　　图 5-25 nslookup taobao.com.cn 运行结果

第 6 步:net 命令的使用。net 命令用于配置网络计算机、网络共享和网络用户并对其进行故障排除。可试着通过网络搜索,尝试操作实验。

第6章 Dreamweaver 网页制作

扩展阅读

6-1:Dreamwe-
aver 简介

6.1 认识 Dreamweaver

Dreamweaver,简称 DW,中文名称"梦想编织者",是美国 Macromedia 公司开发的集网页制作和网站管理于一身的"所见即所得"的网页编辑器,利用它可以轻而易举地制作出跨越平台限制、充满动感的网页。Dreamweaver 与 Flash、Fireworks 并称为网页制作梦幻组合。

Dreamweaver 的发展经历了从 1.0 到 8.0、从 CS1 到 CS5 等多种版本,目前的最新版本是 Dreamweaver Creative Cloud。为使用方便起见,本书以 Dreamweaver CS5 作为运行环境。

6.1.1 Dreamweaver CS5 工作环境

1. 开始页

安装完 Dreamweaver CS5 简体中文版之后,首次启动 Adobe Dreamweaver CS5 时,会弹出如图 6-1 所示的"默认编辑器"对话框。在这个对话框中,用户可根据个人需要将 Dreamweaver CS5 指定为某些文件的默认编辑器。

单击"确定"按钮后即可进入 Dreamweaver CS5 的欢迎界面,如图 6-2 所示。

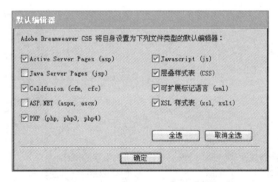

图 6-1 "默认编辑器"对话框

这是一个开始页,该界面用于打开最近使用过的或已有的文件,或创建新文档,或通过产品介绍及教程了解关于 Dreamweaver 的更多信息。如果不希望每次启动时都打开该页,可勾选"不再显示"复选框;也可以再通过选择"编辑"→"首选参数"命令恢复该页的显示。

2. 工作界面

在开始页中单击"新建"列下的任一项,或选择"文件"→"新建"命令,将会创建一个相应格式的新文档,并进入 Dreamweaver CS5 的工作界面。这里单击 HTML 项,创建一个 .html 格式的文档,并进入其工作界面,如图 6-3 所示。

图 6-2 Dreamweaver CS5 欢迎界面

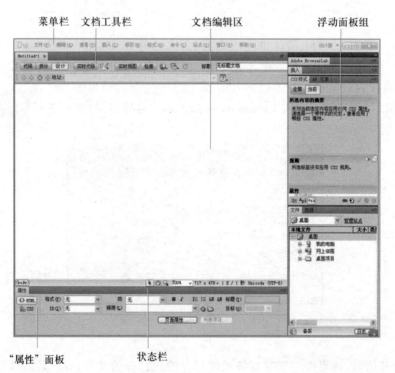

图 6-3 Dreamweaver CS5 工作界面

Dreamweaver CS5 的工作界面主要由菜单栏、文档工具栏、文档编辑区、状态栏、"属性"面板、浮动面板组等组成,下面分别介绍。

(1)菜单栏

Dreamweaver CS5 的菜单栏位于工作环境的最上面,如图 6-4 所示。

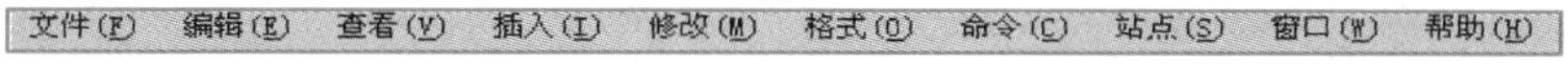

文件(F) 编辑(E) 查看(V) 插入(I) 修改(M) 格式(O) 命令(C) 站点(S) 窗口(W) 帮助(H)

图 6-4 菜单栏

（2）文档工具栏

文档工具栏主要集中了一些常用的页面操作命令，可以用不同的方式来查看文档或预览设计效果，如图 6-5 所示。

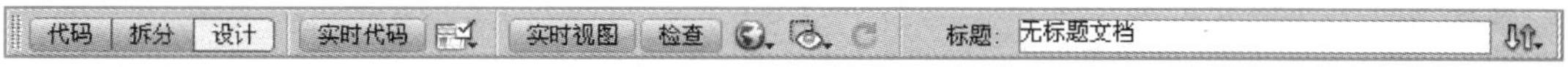

代码 拆分 设计 实时代码 实时视图 检查 标题：无标题文档

图 6-5 文档工具栏

下面介绍几个常用的按钮。

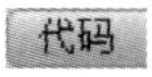

代码：显示当前文档的代码，编辑网页代码时使用。

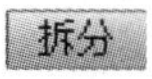

拆分：将文档编辑区拆分为"代码"视图和"设计"视图两部分。

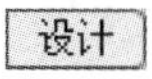

设计：编辑网页时使用的视图模式，显示的内容与浏览器中显示的内容基本相同，是设计网页时最常使用的视图。

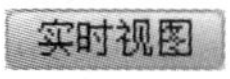

实时视图：在文档编辑区窗口中实时预览与浏览器效果相仿的页面效果。

：在下拉列表中选择本机所安装的某一浏览器进行浏览。

：可视化助理。可以使用不同的可视化助理来设计页面，如显示表格边框或宽度等。

（3）文档编辑区

文档编辑区用于显示当前正在编辑的文档，根据用户选择方式的不同而显示不同的内容。

（4）状态栏

状态栏位于文档编辑区的下方，用于显示与当前文档相关的一些信息，如图 6-6 所示。

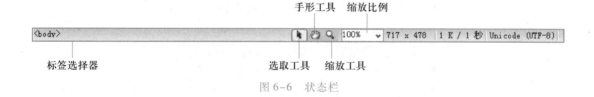

图 6-6 状态栏

标签选择器：显示当前选定内容的标签的层次结构。

选取工具：默认选择工具，用于在页面中选取对象。

手形工具：若页面内容超出窗口，可使用手形工具进行页面平移。

缩放工具和缩放比例：通过缩放工具或缩放比例进行页面内容的缩放。

（5）"属性"面板

"属性"面板用于检查和设定当前所选定页面元素的常用属性。由于不同的对象有不同的属性，所以"属性"面板会因为所选对象不同而变化。

（6）浮动面板组

浮动面板组默认在文档编辑区的右侧，其中包含各种类型的面板，可帮助用户在 Dreamweaver CS5 中实现各种操作，最常用的是"插入""文件"和"CSS 样式"面板。

6.1.2　本地站点的建立与管理

使用 Dreamweaver CS5 设计网页之前,最好先建立本地站点,然后再设置与本地站点相关的信息及在站点中创建网页等。

定义站点的目的是将本地磁盘的站点文件夹与 Dreamweaver 建立一定关联,以便于统一管理。

具体创建步骤如下。

① 先在本地磁盘创建一个文件夹。这里在 E 盘根目录创建名为 personal 的文件夹,作为站点根文件夹。同时可在该文件夹中再创建多个子文件夹,用于将网页中涉及的素材分门别类地保存。

② 在 Dreamweaver CS5 中,选择"站点"→"新建站点"命令,打开"站点设置对象"对话框,如图 6-7 所示。在对话框中输入站点名称"个人网站"并选择前面创建的 personal 文件夹。

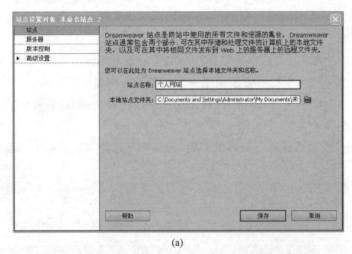

(a)

(b)

图 6-7　设置站点名称及选择站点文件夹

③ 在"站点设置对象"对话框中,单击"保存"按钮,即完成了站点的定义。此时可在"文件"浮动面板中看到刚定义的站点,如图 6-8 所示。

站点定义好以后,如需修改相关信息,可选择"站点"→"管理站点"命令,打开"管理站点"对话框,如图 6-9 所示,可以对站点进行"删除""复制""编辑"等操作。

图 6-8 "文件"浮动面板 　　　图 6-9 "管理站点"对话框

6.1.3 网页文档基本操作

建立好站点后,就可以在站点中创建网页了。Dreamweaver 中的文件操作包括新建、打开、保存、关闭等,同时还可利用"文件"面板管理站点中的网页文件和文件夹。

1. 新建文件

通过下面两种方法可以创建新网页文件。

① 选择"文件"→"新建"命令,在弹出的"新建文档"对话框中选择新建文件的类型和布局,然后单击"创建"按钮即可,如图 6-10 所示。在此新建一个 HTML 类型的空白网页,如图 6-11 所示。

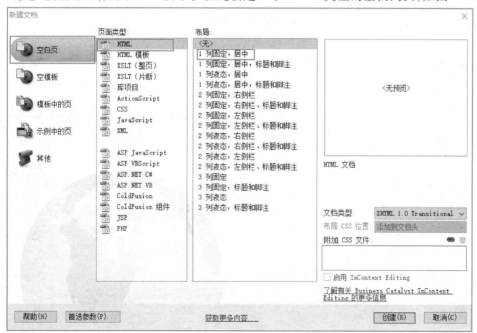

图 6-10 "新建文档"对话框

图 6-11 新空白文档

② 基于模板创建文档,在"新建文档"对话框中单击"模板中的页"选项,然后再选择需要的模板进行新文档的创建即可。

2. 保存文件

新建和编辑网页文件后,需要对其进行保存。在 Dreamweaver CS5 中可根据不同目的选择不同的文件保存方式。

若要将打开的所有文件进行保存,则选择"文件"→"保存全部"命令。

若只保存当前正在编辑的文件,则选择"文件"→"保存"命令,但第一次保存文件时,该命令会弹出"另存为"对话框。这里将前面创建的空白页以文件名 index. html 保存到"personal"文件夹中,如图 6-12 所示。

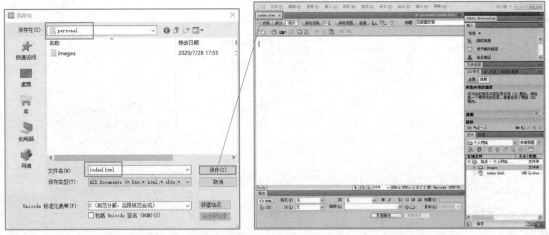

图 6-12 保存文档

若希望将一个网页以模板的形式保存,则选择"文件"→"另存为模板"命令。

6.2 网页内容设置

创建好站点、网页后,接下来要添加网页内容。网页内容应是前期预先准备好的文字、图像、动画、视频、超链接和各种应用等。同时网页属性如网页标题、背景图片等也需要设定,以彰显网站个性。

6.2.1 网页基本设置

1. 文件头信息的设置

网页文件头信息包括关键字、说明等,这些都是谷歌、百度等搜索引擎搜索网页时所要检索的内容。如果希望自己的网页能够被搜索引擎检索到,那么关键字和说明会起到举足轻重的作用。

如何进行网页文件头信息中关键字和说明的设置呢?

① 打开待设置文件头信息的网页。

② 单击"插入"浮动面板的"常用"类别的"文件头"左侧的下拉按钮![文件头],从下拉列表中选择"关键字"选项,则打开如图6-13(a)所示的"关键字"对话框,在对话框中输入网页关键字。

③ 单击"插入"浮动面板的"常用"类别的"文件头"左侧的下拉按钮![文件头],从下拉列表中选择"说明"选项,则打开如图6-13(b)所示的"说明"对话框,在对话框中输入网页的说明信息。

(a) "关键字"对话框

(b) "说明"对话框

图6-13 "关键字"与"说明"对话框

2. 文档页面属性设置

在新建页面时,其背景、外观、标题及链接等属性都是默认效果。可以通过"页面属性"对话框进行详细设置。

① 打开待设置的网页。

② 选择"修改"→"页面属性"命令,或单击"属性"面板中的"页面属性"选项,将打开如图6-14所示的"页面属性"对话框。

常用的设置如下。

① "外观(CSS)""外观(HTML)"分类,设置页面的字体、大小、颜色、背景颜色和图片及图片的填充方式。

② "链接(CSS)"分类,设置链接的默认字体、大小、颜色及链接文本在不同状态下的颜色和下划线的有无。

③"标题(CSS)"分类,设置标题字体及 5 个级别标题的字体大小和颜色。

④"标题/编码"分类,标题用于设置网页在浏览器窗口显示时标题栏显示的内容,编码用于设定网页中字符所用的编码类型,国内常用的是"简体中文(GB2312)"和"Unicode(UTF-8)"。

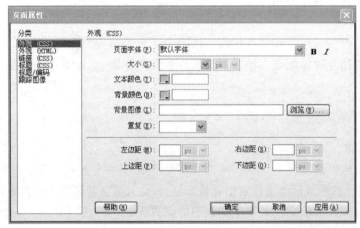

图 6-14 "页面属性"对话框

6.2.2 网页中的文字

文字是信息传递的主要媒介,在网页中具有占用空间少、浏览速度快等优点,是网页中不可或缺的元素。因此有必要学习 Dreamweaver CS5 中对文字的控制,让它能在多彩的网页中焕发魅力。

网页中的文字不仅可以进行格式化修饰,还可以通过水平线进行分割,如图 6-15 所示。

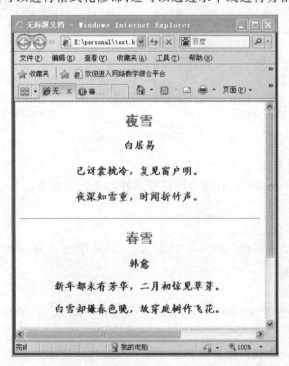

图 6-15 网页中的文字和水平线

1. 插入文本

文本的输入非常简单,一般有以下三种方法。

① 定位插入点,选择合适的输入法输入文本,如图 6-16 所示。

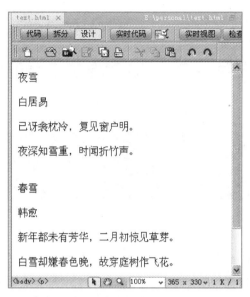

图 6-16　直接输入文字

② 复制其他文档的内容。

③ 选择"文件"→"导入"命令将表格数据、Word 文档、Excel 工作表等整体导入进来。

【提示】文本的分段通过按 Enter 键实现,但如果仅仅是换行则需要按 Shift+Enter 键。

如果要插入一些版权、注册商标等特殊符号,则需要选择"插入"浮动面板的"文本"类别,然后单击"字符"左边黑色三角按钮 ，从下拉列表中选择"其他字符"选项,打开"插入其他字符"对话框,如图 6-17 所示。

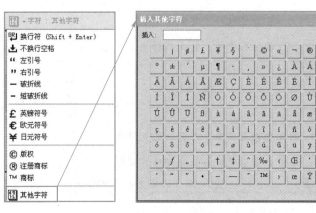

图 6-17　插入特殊字符

2. 格式设置

网页中对文本格式的设置是通过"文本"属性面板实现的,包括 HTML 和 CSS 两种类型,如图 6-18 和图 6-19 所示。

图 6-18 HTML 格式设置

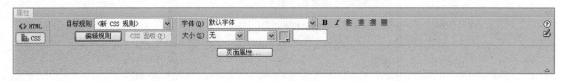

图 6-19 CSS 属性设置

在 Dreamweaver CS5 中,文本的美化需要借助于一个个的 CSS 样式,详细内容参见 6.4 节。

例如,选择图 6-16 中的文字"夜雪",在图 6-19 的 CSS 属性面板的"目标规则"处选择已定义好的 CSS 类". text_title";然后选择"夜雪"下面的诗句内容,为其设置已定义好的". text_body"类。然后再对页面中"春雪"诗句做类似的设置,最终的文字格式设置效果如图 6-20 所示。

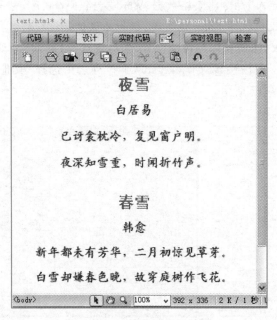

图 6-20 文字格式设置效果

3. 插入水平线

在布置页面内容时,有时希望用水平线作为分界线来分隔内容,Dreamweaver CS5 中可以很方便地插入水平线。

打开网页,选定待插入水平线的位置。例如,将插入点定位在图 6-20 的"春雪"前,选择"插入"→"HTML"→"水平线"命令;或选择"插入"面板中"常用"类别下的"水平线"选项,即出现如图 6-21 所示效果。同时还可在如图 6-22 所示的"水平线"属性面板中,对水平线的宽度、高度及对齐方式进行相关设置。

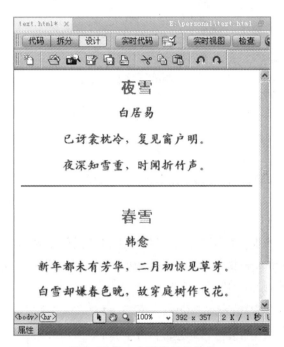

图 6-21 插入水平线后的效果

图 6-22 "水平线"属性面板

6.2.3 网页中的表格操作

表格是网页中的重要元素,网页中的表格一般有两种功能:一是利用表格可以将网页中的元素以二维列表的形式组织起来,便于查询、浏览。二是利用表格进行网页布局,使网页更加美观、有条理。本小节仅涉及表格基本操作,表格布局将在 6.3 节介绍。

表格的三个基本组成部分是行、列、单元格。每个表格都是由若干个单元格组成的,单元格中可以插入文字、图像等对象。

下面通过创建如图 6-23 所示的网页表格,说明表格的创建、属性设置等基本操作。

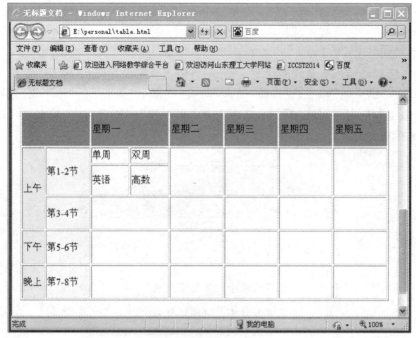

图 6-23　网页表格

1. 创建表格

使用 Dreamweaver CS5 提供的可视化工具制作表格的操作步骤如下。

① 在文档中选择待插入表格的位置,选择"插入"→"表格"命令或者单击"插入"面板"常用"类别中的"表格"按钮,打开如图 6-24 所示的"表格"对话框。

图 6-24　"表格"对话框

② 根据需要设置"表格"对话框中的各项参数。也可以在创建表格后,在"表格"属性面板中进行相关设置。

行数、列:输入具体数字即可。

　　表格宽度：可选择不同的单位（像素或百分比）。如果不设置该值，表格宽度将随其中内容而改变。

　　边框粗细：是指整个表格外边框的粗细，单位是像素，单元格的边框不受此影响。

　　单元格边距：是指单元格内部的文本或图像与单元格边框之间的距离，单位是像素。

　　单元格间距：是指相邻单元格之间的距离，单位为像素。

　　③ 按图 6-24 设置完成后，单击"确定"按钮即可在网页中创建如图 6-25 所示的表格。

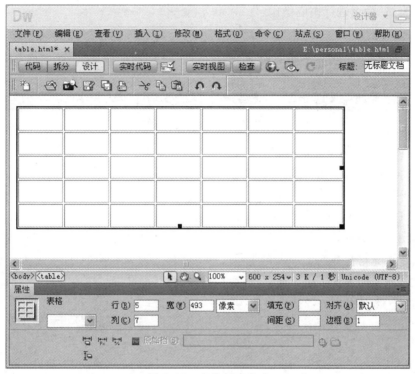

图 6-25　表格创建完成

2. 设置表格和单元格属性

　　表格创建后，还可分别通过"表格"和"单元格"属性面板对其进行个性化设置。

　　① 选中整个表格，在如图 6-26 所示的"表格"属性面板中对行、列、宽、间距、填充、对齐、边框等进行设置。

图 6-26　"表格"属性面板

　　其中，行、列、宽、填充、间距、边框与图 6-24 中对应的行数、列、表格宽度、单元格边距、单元格间距、边框粗细功能一致。

　　对齐：设置表格的对齐方式。

:清除列宽,将表格列宽以实际内容为准压缩至最小值。

:清除行高,将表格行高以实际内容为准压缩至最小值。

:将表格宽度单位转化为像素(即固定大小)。

:将表格宽度单位转化为百分比(即相对大小)。

② 表格中的单元格也可以根据实际需要进行个性化设置,如设置背景颜色、对齐方式等。单击单元格,即可在如图 6-27 所示的"属性"面板中进行设置或者右击单元格后在出现的快捷菜单中选择"表格"命令进行相应操作。

图 6-27 单元格属性面板

水平、垂直:分别是指单元格内容的水平、垂直对齐方式。

宽、高:分别指所选单元格的宽度和高度。

不换行:文本内容在一行中显示。

背景颜色:设置单元格的背景颜色。

:将选定单元格合并。

:将选定单元格拆分。

在图 6-25 所示的表格中输入文字,调整行高和列宽,再对第一行和第一、二列的相应单元格设置"背景颜色",效果如图 6-28 所示。

图 6-28 单元格背景颜色设置效果

3. 表格的基本操作

Dreamweaver 中创建的表格是一个非常工整的表格,为了让表格更符合实际需要,就要进行行、列调整或单元格的合并、拆分等操作,而进行各项操作前必须先选定操作对象。

(1)选择表格及单元格

① 选择整个表格:在表格的边框线上单击,或选择"修改"→"表格"→"选择表格"命令,或单击表格中任意单元格后单击文档窗口底部的<table>标记。

② 选择单元格:要选择多个连续的单元格,可拖动鼠标框选,或按住 Shift 键进行选择;要选择多个不连续的单元格,可按住 Ctrl 键进行选择。

③ 选择一行或多行:将光标放在表格单元格的左边界上,当光标变成向右的箭头时,单击即可选中一行,单击并拖动可选中多行。

④ 选择一列或多列:将光标放在表格单元格的顶端,当光标变成向下的箭头时,单击可选中一列,单击并拖动可选中多列。

(2)调整表格尺寸、行高和列宽

① 表格整体缩放:选中表格后,拖动表格周围的黑色操作柄,即可实现对表格的缩放。

② 行高调整:将光标靠近待调整行的边框线,当光标变为双向箭头时拖动即可;也可通过单元格"属性"面板修改行高。

③ 列宽调整:将光标靠近待调整列的边框线,当光标变为双向箭头时拖动即可;也可通过单元格"属性"面板修改列宽。

(3)插入、删除行或列

① 插入行或列:选定目标后,选择"修改"→"表格"→"插入行"或"插入列"命令。

② 删除行或列:选定目标后,选择"修改"→"表格"→"删除行"或"删除列"命令。

(4)拆分、合并单元格

① 拆分单元格:选择待拆分的单元格,单击单元格"属性"面板中的 按钮,或者选择"修改"→"表格"→"拆分单元格"命令,在弹出的"拆分单元格"对话框中进行拆分设置,如图 6-29 所示。

图 6-29 "拆分单元格"对话框

将光标定位在图 6-28 所示的表格的第 2 行第 3 列单元格中,单击"属性"面板的 按钮,将该单元格拆分成两行两列,再输入相应文字,如图 6-30 所示。

② 合并单元格:选择待合并的单元格,单击单元格"属性"面板的 按钮,或者选择"修改"→"表格"→"合并单元格"命令。

通过"属性"面板的 按钮,将图 6-30 所示的表格中的第 1 列的第 2、3 行单元格合并,第 1 行的第 1、2 单元格合并,然后输入相应文字,效果如图 6-31 所示。

为了能设计出美观、实用的表格,需要熟练运用上面的各种操作。请尝试设计如图 6-32 所示的表格。

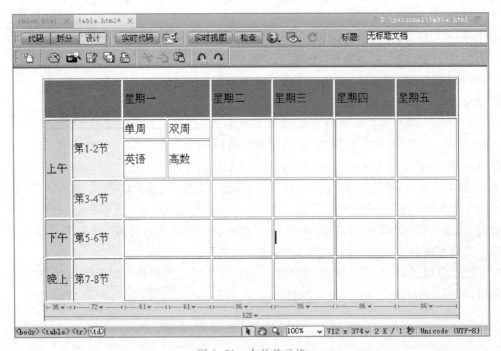

图 6-30 拆分单元格

图 6-31 合并单元格

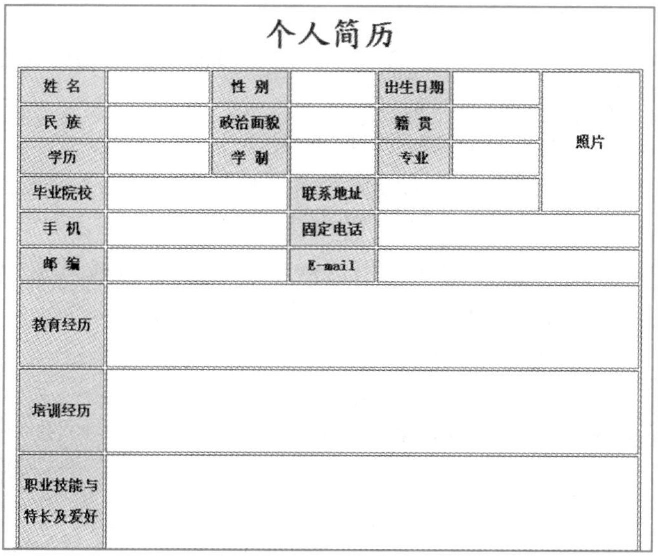

个人简历

姓 名		性 别		出生日期		照片
民 族		政治面貌		籍 贯		
学历		学 制		专业		
毕业院校			联系地址			
手 机			固定电话			
邮 编			E-mail			
教育经历						
培训经历						
职业技能与特长及爱好						

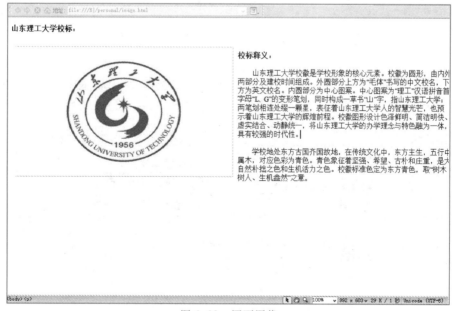

图 6-32 表格示例

6.2.4 网页中的图像

网页中只有文字和表格是不够的，有时还需要添加一些图像。图像不但具有直观形象的特点，还可以起到美化网页的作用。在 Dreamweaver CS5 中，图像既可以直接放在页面上，也可以放在表格或框架中。网页中经常使用的图像格式主要有 GIF、JPEG 和 PNG 等。

1. 插入和编排图像

下面通过创建如图 6-33 所示的网页图像，介绍图像的插入、编排等基本操作。

图 6-33 网页图像

（1）插入图像

在网页中插入图像时，最好事先将图像文件存放在当前站点的相应文件夹中，否则，Dreamweaver CS5 会提示用户将其复制到当前站点中。

① 打开如图 6-21 所示的网页，选择"设计"视图。

② 定位待插入图像位置。例如，将光标定位在"春雪"前，单击"插入"面板"常用"类别中"图像"左侧的下拉按钮 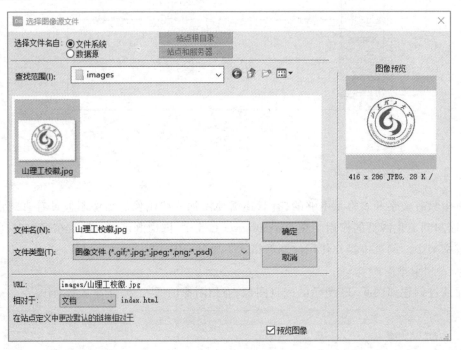 插入下拉按钮 ，在下拉列表中选择"图像"选项。

③ 在弹出的"选择图像源文件"对话框中选择图像文件的"查找范围""文件名"，然后单击"确定"按钮，如图 6-34 所示。

图 6-34 "选择图像源文件"对话框

④ 在随即打开的如图 6-35 所示的"图像标签辅助功能属性"对话框中，做适当设置后（替换文本是当因为某些原因图像显示不出来时用来显示的文本，建议适当填写）单击"确定"按钮，即可实现图像的插入，效果如图 6-36 所示。

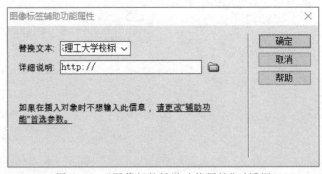

图 6-35 "图像标签辅助功能属性"对话框

（2）图像的编排

从图6-36可以看出，在 Dreamweaver CS5 中，插入的图像会根据其实际大小显示，有时会影响页面效果。为了实现图文混排效果，需要对图像属性进行调整，如大小、对齐、位置等。这些可以在如图6-37所示的图像"属性"面板中完成。

图6-36　插入图像的效果

图6-37　图像"属性"面板

利用面板中的宽、高可以改变图像大小；为了使图像与周围元素之间不要过于紧密可以设置面板中的"垂直边距"和"水平边距"；当"边框"设为0时，图像显示时没有边框；使用"对齐"选项来设定图像在网页中的对齐方式。同时还可使用按钮对图像大小进行裁剪，使用按钮对裁剪后的图像进行像素的减少和增加以改变图像质量，使用按钮调整图像的亮度和对比度，使用按钮改变图像的内部边缘的对比度等。

单击图6-36中的图像，在"属性"面板中设置图像的宽度为416、高度为286；水平、垂直边距均为10，对齐方式为左对齐。设置完成后，单击页面空白处，效果如图6-38所示。

2. 制作鼠标指针经过图像

在浏览网页时，有时会看到这种场景——当光标掠过某一图像时，图像会瞬间变成另外一幅图像，而当光标离开后图像又恢复原样。其实，在 Dreamweaver CS5 中可以通过制作鼠标指针经过图像来实现这种效果。

图 6-38 图片属性设置效果

制作鼠标经过图像需要准备两幅图像,而且两幅图像的大小要相同。否则,Dreamweaver CS5 会自动将第二幅图像调整为第一幅图像的大小。

下面开始制作鼠标指针经过图像。

① 打开如图 6-39 所示的网页,将插入点定位在"孔子东游"前。

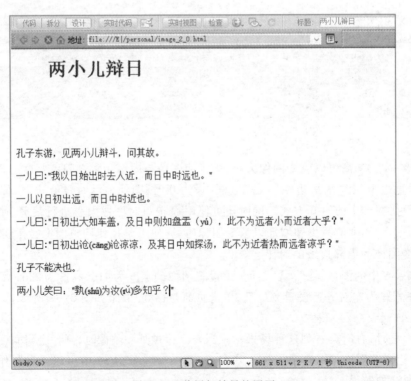

图 6-39 待添加效果的网页

② 选择"插入"→"图像对象"→"鼠标经过图像"命令；或单击"插入"面板"常用"类别中"图像"左侧的下拉按钮，在下拉列表中选择"鼠标经过图像"选项，打开如图6-40所示的对话框。

图6-40 "插入鼠标经过图像"对话框

③ 在该对话框中，对"图像名称""原始图像""鼠标经过图像""替换文本"等进行适当设置。

④ 单击"确定"按钮完成制作。

接下来，进一步设置图像的属性以实现图文混排效果，然后保存文件。最后，在浏览器中浏览网页，当鼠标经过图像时的变换效果如图6-41所示。

微视频
6-1：鼠标经过图像

图6-41 鼠标指针经过前后效果对照

6.2.5 网页中的多媒体

通过前面的学习，已经可以制作出图文并茂的网页，但网页似乎还不够丰富多彩。随着多媒体技术的发展，网页制作者往往希望通过引入声音、动画、视频等各种动态效果来吸引浏览者的关注。

下面通过设计一个如图6-42所示的包含音频和Flash视频的网页来介绍如何在网页中添加多媒体效果。

图 6-42 网页多媒体

1. 插入音频文件

在 Dreamweaver CS5 中,可以采用超链接音频文件的方式插入多种格式的音频文件,如 midi、wav、mp3、ra 等。超链接音频文件是指将声音文件作为网页上的某个元素的超链接目标。

下面来完成上述网页中音频部分的插入。

① 新建一个网页文件,建立表格,输入文字并格式化,如图 6-43 所示。

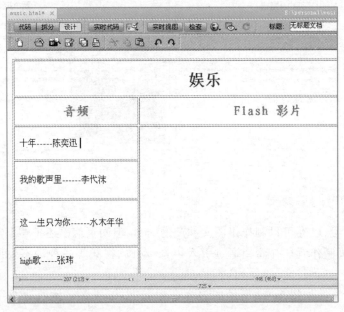

图 6-43 插入音频文件原始网页

② 选中待超链接文字"十年-----陈奕迅",在如图 6-44 所示属性面板的"链接"处,单击"浏览文件夹"图标📁,选择需要超链接的音频文件。

图 6-44 设定音频文件链接

③ 用同样的方法为其他文本选择待链接的音频文件。

④ 链接完成后的效果如图 6-45 所示。当浏览网页时,只需单击链接就会启动默认音频文件播放器播放链接的音频文件。

图 6-45 插入音频文件链接后的效果

2. 插入 Flash 动画

Flash 动画以其体积小、传输速度快而成为网页中常见的多媒体元素。目前,有些浏览器集成了 Flash 播放器,有些将其作为插件,这就使得无论是否单独安装了 Flash 播放器都可以在网页中播放 Flash 动画。使用 Dreamweaver CS5 在网页中插入 Flash 动画也是轻而易举的事情。

① 新建或打开网页,定位待插入 Flash 动画的位置。这里打开如图 6-43 所示的网页,将光标定位在"Flash 影片"下方的单元格中。

② 单击"插入"浮动面板"常用"类别中"媒体"按钮左边的黑色小三角,在下拉列表中选择 SWF 选项,打开如图 6-46 所示的对话框。

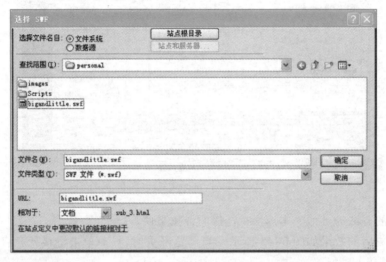

图 6-46　"选择 SWF"对话框

③ 在弹出的"选择 SWF"对话框中,选择需要的 Flash 动画文件。单击"确定"按钮,将会在页面上显示 Flash 占位符,如图 6-47 所示。

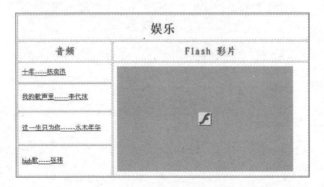

图 6-47　Flash 占位符

④ 在如图 6-48 所示的 Flash"属性"面板中设置 Flash 动画大小、是否循环、是否自动播放、对齐方式及背景颜色等。如果想让插入的 Flash 动画与网页背景融为一体,可将 Wmode 参数设置为透明,以实现特殊效果。

图 6-48 Flash"属性"面板

3. 设置背景声音

要想为网页添加背景声音,实现网页可视可听的效果,可以使用插入"插件"的方法。操作步骤如下。

① 打开网页,选择"设计"视图。

② 选择"插入"→"媒体"→"插件"命令,或选择"插入"浮动面板"常用"类别中"媒体"左侧黑色三角下拉列表中的"插件"选项,打开如图 6-49 所示的"选择文件"对话框。

图 6-49 "选择文件"对话框

③ 选择待插入的声音文件,单击"确定"按钮,将会在网页中出现插件,如图 6-50 所示。

图 6-50 插入"插件"

④ 选中"插件",在如图 6-51 所示的"属性"面板中对其进行设置。

图 6-51 插件"属性"面板

如果将"宽"和"高"都设为 0,可隐藏插件,使得音频文件作为网页背景音乐播放;否则在页面中按设定大小显示播放器并播放音频文件。单击"参数"按钮,打开如图 6-52 所示的对话框,输入相应参数,可使音频文件在浏览网页时自动重复播放。

图 6-52 "参数"对话框

6.2.6 网页中的超链接

在浏览网页时,当鼠标经过某些文字或图像时会变成手形,说明这些文字和图像已创建超链接,单击它们就会打开链接的文件或网页。World Wide Web 的灵魂就是超链接,通过超链接可以使站点中的各个网页相互链接起来,成为一个有机的整体;也可以通过超链接在同一网页内部进行快速跳转,以便于浏览。

Dreamweaver CS5 中为网页元素建立超链接的方法有很多。按照链接源不同,可以分为文本超链接、图片超链接、图片热点链接、链接到命名锚点、E-mail 链接等。

1. 文本超链接

文本超链接是最常用的一种链接,可以链接到其他网页、各种文件等。下面通过一个简单示例来说明文本超链接的创建。

① 打开页面,在页面中选择待链接文本。此处选择如图 6-53 所示页面中的"山东理工大学"。

图 6-53 文本超链接

② 在页面下方"属性"面板的"链接"文本框中直接输入链接地址,也可以单击"浏览文件"按钮  选择链接目标。这里输入山东理工大学主页网址,如果输入#,则表示空链接,以备扩展之用。

③ 可在"属性"面板"目标"下拉列表中,选择打开链接对象的方式。_blank 表示在新窗口显示新链接网页;_parent 表示在当前窗口显示被打开网页,如果是框架网页,则在父框架中显示新链接网页;_self 表示在当前窗口显示被打开网页,如果是框架网页,则在当前框架中显示新链接网页;_top 表示在当前窗口显示被打开网页,如果是框架网页,则删除所有框架显示当前网页。

2. 图像超链接

创建图像超链接的方法与文本超链接类似,不同之处在于选择的链接源是图像而不是文本。

① 选择图 6-53 所示页面中的百度图片。

② 在"属性"面板的"链接"文本框中输入链接 URL 为百度主页,如图 6-54 所示。

图 6-54　图像超链接

若想使得图像的不同区域超链接到不同的目标,则需要创建热点超链接来实现。

3. 图像热点链接

在浏览网页中的气象信息时,单击地图上的不同区域就会显示不同地区的气象状况。如何才能为一张图像设置多个超链接目标呢?首先使用热点工具将图像划分为多个区域,然后再分别为每个区域设置超链接目标,就实现了图像的热点超链接。下面说明如何为图 6-55 所示的山东理工大学区域添加热点超链接。

图 6-55 待建热点超链接页面

① 单击选中待创建热点超链接的图像。

② 在"属性"面板中选择合适的热点工具：▢ 矩形区域、◯ 圆形区域、▽ 多边形区域，然后在图像上勾勒待链接的区域。此处使用 ▽ 热点工具勾勒出山东理工大学区域，如图 6-56 所示。

图 6-56 热点工具勾勒的热点区域

③ 设置热点"属性"面板。在"替换"文本框中可输入描述性文字,也可以空缺;在"链接"文本框中输入或选择链接对象;在"目标"文本框中选择打开方式,如图 6-57 所示。

图 6-57　热点"属性"面板

④ 保存文件之后在浏览器中单击热点区域便可打开为它指定的超链接目标。用同样的方法为图像中的其他区域制作热点超链接。

4. 链接到命名锚点

锚点超链接常用于在同一网页的不同位置之间跳转,非常适合在长网页中使用。例如,在含有软件说明书、多章节小说等内容的网页中,可通过设置锚点超链接以实现跳跃性阅读。创建锚点超链接应事先在网页的合理位置命名锚点,然后对其超链接。下面通过实例演示创建锚点超链接的方法。

① 打开如图 6-58 所示的网页,将光标定位在"夜雪"之前。

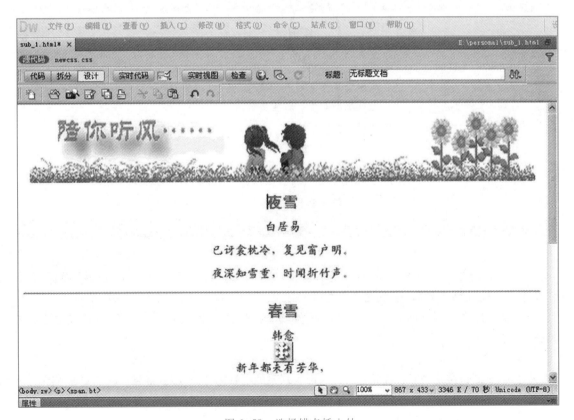

图 6-58　选择锚点插入处

② 单击"插入"浮动面板上"常用"类别中的"命名锚记"图标,打开"命名锚记"对话框,输入锚点名称,如图 6-59 所示,此处输入 top。

图 6-59 "命名锚记"对话框

③ 单击"确定"按钮,便在网页指定位置插入了锚点,如图 6-60 所示。

图 6-60 插入命名锚点

④ 选择待链接到锚点的文字,此处选择页面底端的"返回顶端"文字。在"属性"面板的"链接"文本框中输入锚点名称,注意锚点名称前一定要加"#",如"#top",如图 6-61 所示。

当保存文件之后浏览网页时,单击"返回顶端"文字,页面将会直接跳转到与其建立超链接的"夜雪"锚点处。

5. E-mail 超链接

使用 E-mail 链接是访问者和站点管理者取得联系的很好途径,其超链接源一般是文本或图像。

① 创建 E-mail 超链接时,先打开相应网页,选择待超链接的文本或图像。如图 6-62 所示的是为文本"联系我们"建立 E-mail 超链接的网页。

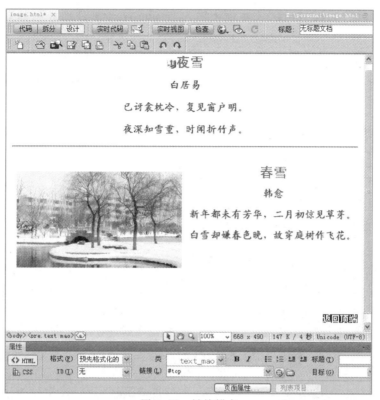

图 6-61 链接锚点

图 6-62 E-mail 超链接

② 然后在"属性"面板"链接"文本框中输入"mailto：电子邮件地址"，如 mailto：webmain@ 126. com。

设置完成之后，当在浏览器中单击已建立 E-mail 超链接的对象时，系统会自动调用默认的邮件客户端程序，并在邮件编辑窗口的收件人栏中自动填上前面设置的邮件地址，其他内容则需要用户自行填写。

6.2.7 网页中的表单

表单是实现交互的网页元素，是浏览者和网站服务器之间沟通的桥梁。表单的用途很多，诸如用户登录、用户注册、调查问卷、客户订单、留言等。如图 6-63 所示是注册 163 免费邮箱的页面，该页面中就包含了诸多表单信息。当用户填写完信息后，单击"立即注册"按钮，表单中的内容便通过网络提交到网站服务器的后台数据库中。

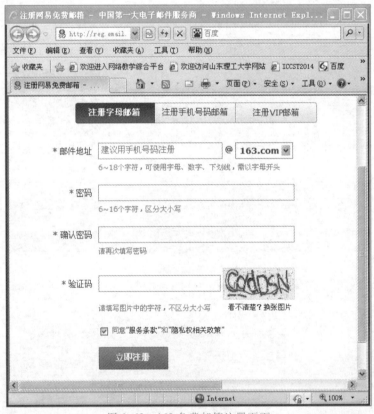

图 6-63 163 免费邮箱注册页面

一个完整的表单系统应该由两部分组成：含有表单对象的网页部分和对表单数据进行处理的应用程序部分。因为表单处理程序部分涉及服务器端编程，相对复杂，将在第 8 章中专门讲解。此处只介绍如何用 Dreamweaver CS5 制作表单网页。

在 Dreamweaver CS5 中，表单相当于一个容器，因此设计表单网页时需要先插入表单，然后再将各种表单对象插入其中。常用的表单对象有文本字段、单选按钮、复选框、文本区域、按钮、图像等。

1. 插入表单

新建网页文件,选择"插入"面板的"表单"类别,单击其中的 按钮,在页面上插入一个表单。此时文档编辑区中的红色虚线框即为表单区域,如图6-64所示。为了更好地放置表单对象,接下来在表单区域中插入一个表格并输入相应的文字内容,效果如图6-65所示。

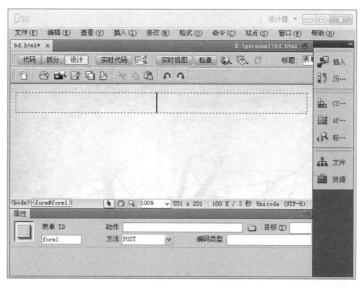

图6-64　插入表单

图6-65　表单中的布局表格

2. 添加表单对象

（1）文本字段

将光标定位在"姓名"右边的单元格，单击"插入"浮动面板中"表单"类别中的"文本字段"按钮□，在弹出的"输入标签辅助功能选项"对话框中选择"取消"选项，这时单元格中出现"文本字段"表单对象，如图 6-66 所示。

图 6-66　表单中插入"文本字段"对象

（2）单选按钮

将光标定位在"性别"右边的单元格，单击"插入"浮动面板中"表单"类别中的"单选按钮"按钮⊙，在弹出的"输入标签辅助功能选项"对话框中选择"取消"选项，这时单元格中出现"单选按钮"表单对象。在单选按钮右边输入"男"。设置"属性"面板中的"单选按钮"名称为"sex"，"选定值"为"男"，初始状态为"已勾选"，其他参数不变。

在单元格中继续按同样方法再插入一个单选按钮，并在"属性"面板中完成以下设置："单选按钮"名称为 sex，"选定值"为女，"初始状态"为"未选中"，单选按钮后面输入文字"女"。最终效果如图 6-67 所示。

图 6-67 表单中插入"单选按钮"对象

（3）选择（列表/菜单）

将光标定位在"职业"右边的单元格，单击"插入"面板中"表单"类别中的"选择（列表/菜单）"按钮，在弹出的"输入标签辅助功能选项"对话框中选择"取消"选项，这时单元格中出现"选择（列表/菜单）"表单对象，如图 6-68 所示。

单击"属性"面板中的"列表值"按钮，在打开的"列表值"对话框中，添加各列表项目，如图 6-69 所示。

单击"确定"按钮后，完成"选择（列表/菜单）"表单对象插入，如图 6-70 所示。

（4）复选框

将光标定位在"喜欢栏目"右边的单元格，单击"插入"面板中"表单"类别中的"复选框"按钮，在弹出的"输入标签辅助功能选项"对话框中选择"取消"选项，这时单元格中出现"复选框"表单对象。在复选框右边输入"心理健康"，用同样方法再添加"青春在线"和"社会热点"复选框，如图 6-71 所示。

（5）文本区域

将光标定位在"留言内容"右边的单元格，单击"插入"浮动面板中"表单"类别中的"文本区域"按钮，在弹出的"输入标签辅助功能选项"对话框中选择"取消"选项，这时单元格中出现"文本区域"表单对象，如图 6-72 所示。

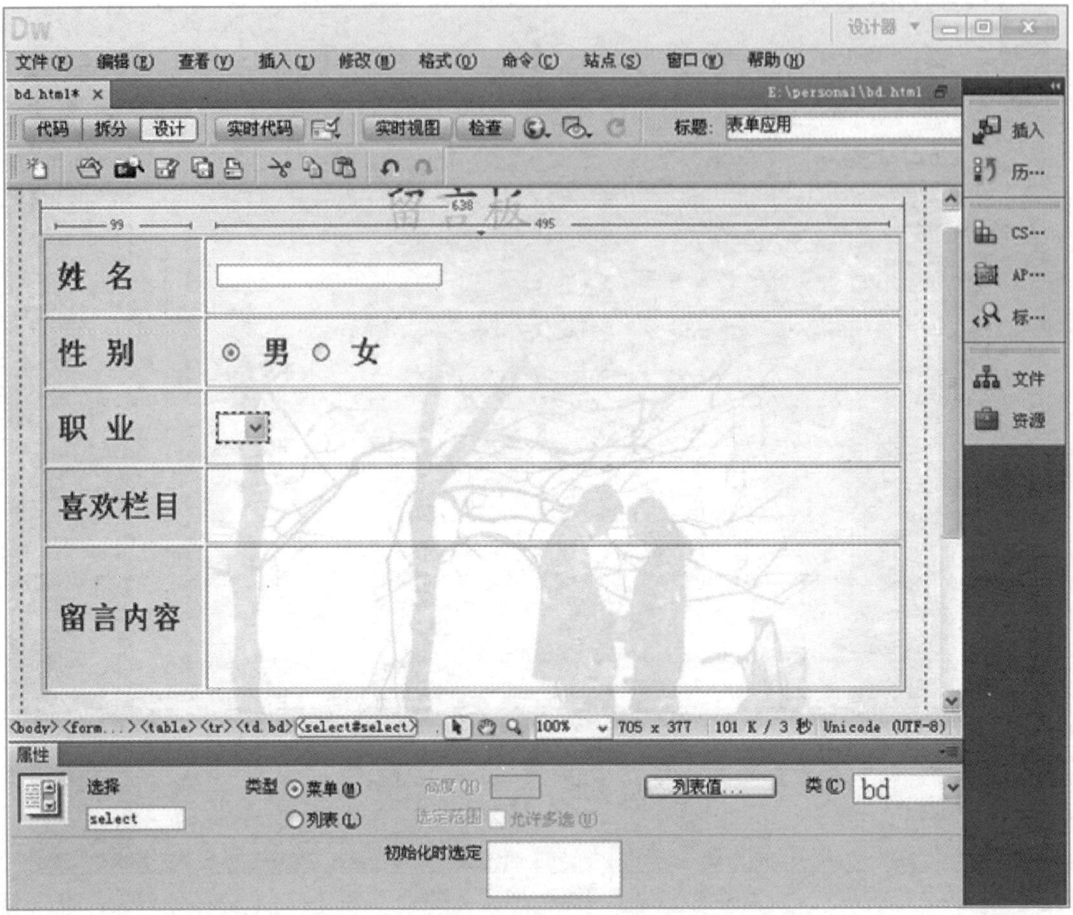

图 6-68　表单中插入"选择(列表/菜单)"对象

图 6-69　"列表值"对话框

（6）按钮

将光标定位在最下面的单元格，单击"插入"面板中"表单"类别中的"按钮"按钮⬜，在弹出的"输入标签辅助功能选项"对话框中选择"取消"选项，这时单元格中出现"按钮"表单对象。在"属性"面板中将"值"设置为按钮提示文字"提交留言"，如图 6-73 所示。最后保存网页，表单网页就制作完成了。

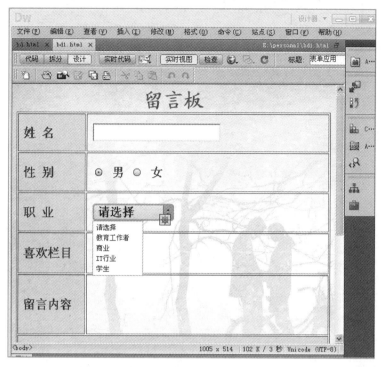

图 6-70 插入"选择(列表/菜单)"表单对象

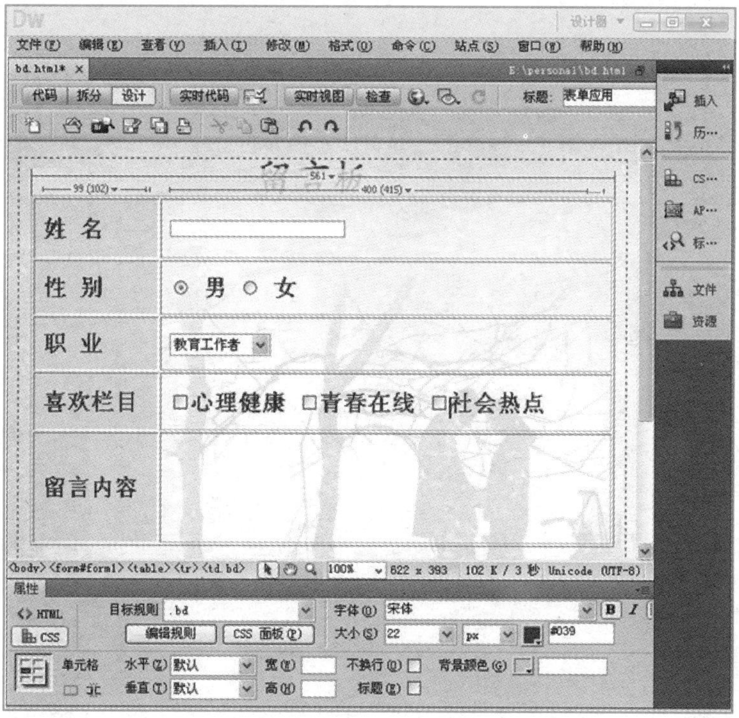

图 6-71 表单中插入"复选框"对象

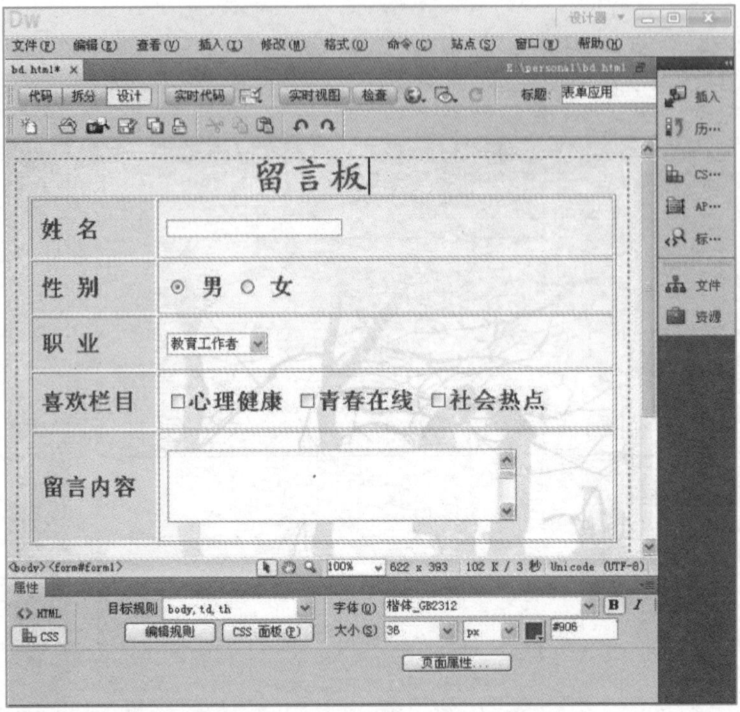

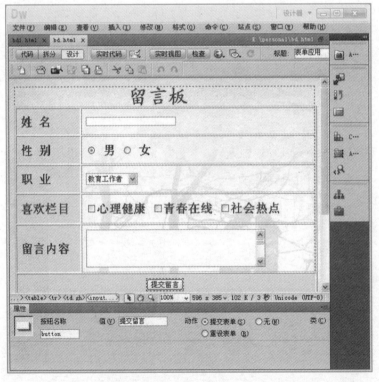

图 6-72   表单中插入"文本区域"对象

图 6-73   表单中插入"按钮"对象

6.3 网页布局

在 Dreamweaver 中,有两种实现网页布局的方法,即用表格布局网页和用框架布局网页。

6.3.1 用表格布局网页

在 Dreamweaver 中,表格的另一个重要用途就是实现网页布局。表格布局是指利用表格元素的无边框特性,将网页中的各个元素按版式依次放入表格的各个单元格中,实现复杂的排版组合。如图 6-74 所示的"校园文化"页面就是利用表格布局制作完成的。下面学习具体的制作方法。

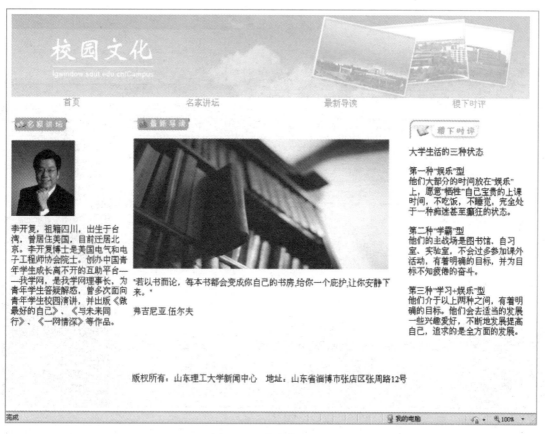

图 6-74 表格布局网页

1. 插入布局表格

首先创建空白网页,然后选择"插入"→"表格"命令,在弹出的"表格"对话框中按图 6-75 所示进行表格属性设置,单击"确定"按钮,即可在网页中插入布局表格,如图 6-76 所示。

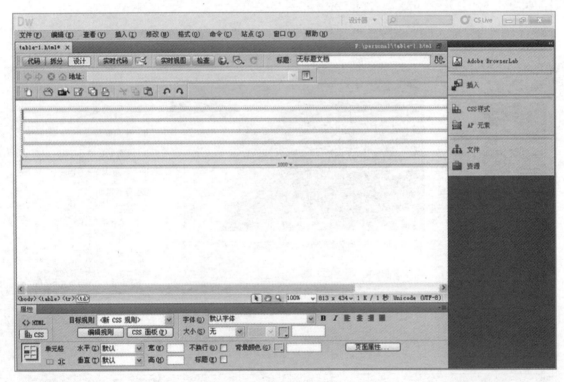

图 6-75 "表格"对话框

图 6-76 插入布局表格

2. 设置布局表格第 1 行内容

单击第 1 行的单元格,选择"插入"→"图像"命令,在弹出的"选择图像源文件"对话框中选择相应的图像文件,单击"确定"按钮。在"图像标签辅助功能属性"对话框中单击"确定"按钮,完成图像插入。保存文件之后在浏览器中的浏览效果如图 6-77 所示。

图 6-77 布局表格第 1 行内容

3. 设置布局表格第 2 行内容

光标定位在第 2 行的单元格中,将其拆分为 4 列,并设置每列宽度为 255,对齐方式选居中对齐。然后,依次在每个单元格内输入文本"首页""名家讲坛""最新时评""稷下时评"。保存文件之后在浏览器中的浏览效果如图 6-78 所示。当然还可以为插入的各个文本建立超链接,从而起到导航栏的作用。

图 6-78 布局表格第 2 行内容

4. 设置布局表格第 3 行内容

光标定位在第 3 行的单元格中,将其拆分成 4 列。在第一列中插入图像和相关文本,效果如图 6-79 所示。将该行第 2 列、第 3 列单元格合并,并插入图像和相关文本,效果如图 6-80 所示。在最后 1 列中也依次插入图像和文本,效果如图 6-81 所示。至此第 3 行内容设置结束,保存文件之后在浏览器中的浏览效果如图 6-82 所示。

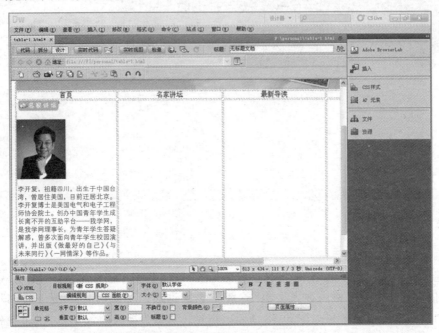

图 6-79 布局表格第 3 行第 1 列内容

图 6-80 布局表格第 3 行第 2、3 列内容

图 6-81 布局表格最右侧列内容

图 6-82 布局表格第 3 行内容

5. 设置布局表格最后一行内容

光标定位在最后一行单元格,输入版权归属等相关文本,并设置文本居中对齐,至此表格布局网页完成。保存文件之后在浏览器中的最终浏览效果如图 6-74 所示。

6.3.2　用框架布局网页

框架也是一种网页布局工具,它可以将网页分成几个区域,而且可以在每个区域中显示一个

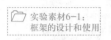
实验素材6-1:
框架的设计和使用

独立的 HTML 页面,彼此之间互不干扰。这样就可以在保持网页中部分区域内容不变的同时,使得某些区域的内容发生变化。下面介绍在网页中使用框架布局的方法。

首先学习与框架有关的几个概念。框架网页主要包括两部分:分别是包含网页内容的框架文件和记录框架布局、属性(包括框架个数、框架大小、位置以及在每个框架中初始显示的网页地址等)的框架集文件,这些文件均是 HTML 文件。

【注意】当一个框架网页被分成 n 个框架时,保存文件时应保存 $n+1$ 个文件,分别是 n 个框架文件和 1 个框架集文件。框架集文件是一个特殊的 HTML 文件,它不包含任何在浏览器中显示的具体 HTML 内容,只是记录与该框架网页有关的整体架构的相关信息。

1. 框架网页的创建与删除

下面以创建 personal 站点为例,介绍框架网页的使用。如图 6-83 所示的 index. html 网页就是 personal 站点中通过框架布局实现的主页。

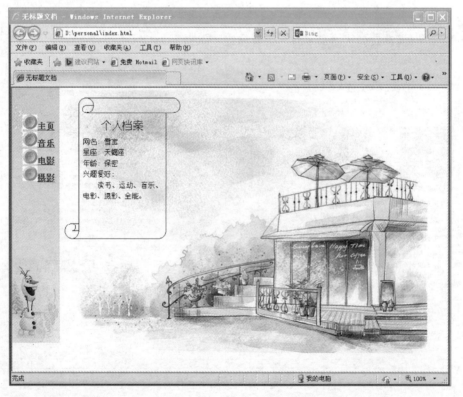

图 6-83　框架布局主页

（1）创建框架网页

① 选择"文件"→"新建"命令,打开"新建文档"对话框,新建一个普通空白网页。

② 选择"插入"面板的"布局"类别中的"框架"选项,然后单击右侧黑色三角,从下拉列表选择"左侧框架"选项,如图6-84所示。在弹出的"框架标签辅助功能属性"对话框中设置框架标题,单击"确定"按钮即可完成创建,如图6-85所示。

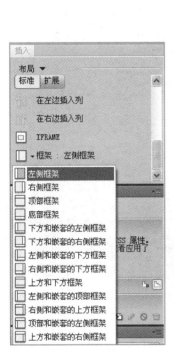

图6-84 选择框架布局

图6-85 新创建的框架

（2）框架与框架集属性设置

框架创建完成后,通过"框架"面板选择不同框架和框架集,分别在其对应的"属性"面板中设置框架相关属性,如列宽、有无边框、边框颜色、框架源文件等。

（3）框架的删除

框架的删除操作不同于其他网页元素的删除,选中某个框架后直接按Delete键,框架是不会被删除的。那么,怎样才能删除呢?实际上操作很简单,只需在文档窗口中将鼠标指向框架的边框,当鼠标指针变成双向箭头时,按下鼠标左键并拖动至文档窗口外侧即可。

2. 框架文件和框架集的保存

每个框架网页都包含了一个框架集和多个框架文件,创建之后应分别保存。

① 保存框架文件:将插入点移至待保存的框架中,选择"文件"→"框架另存为"命令,在打开的对话框中输入文件名并选择保存位置即可。

② 保存框架集文件：通过"框架"面板选择要保存的框架集，选择"文件"→"框架集另存为"命令，在打开的对话框中输入文件名并选择保存位置即可。

框架网页文件的保存效果如图 6-86 所示。

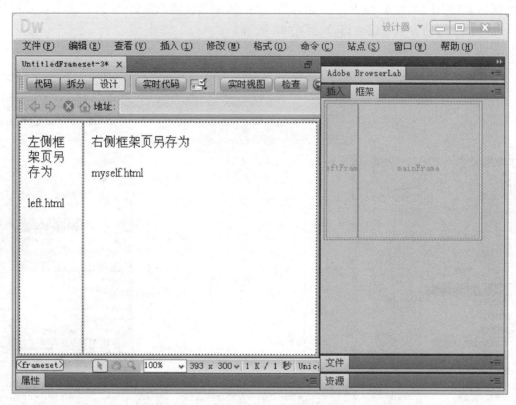

图 6-86　框架与框架集的保存

3. 在框架中编辑页面

网页采用框架结构的目的，就是可以在一个浏览器窗口中同时显示多个网页文件，即可以对每个框架链接一个独立的网页文件。

（1）编辑框架页面中的框架起始页

将插入点定位在待编辑的框架页面内，直接对网页进行编辑。效果如图 6-87 所示。

也可以事先编辑并保存好 left.html 页面，然后在框架集网页 index.html 文件中选择 left-Frame 框架，在框架"属性"面板中设置"源文件"为 left.html，如图 6-88 所示。

（2）设置框架页面超链接

通过在框架网页中设置适当的超链接，可以实现在相邻的两个框架中分别显示目录与内容的效果。

例如，在 personal 站点下 index.html 页面中的 mainFrame 框架中，可通过超链接显示 music.html、movie.html、camera.html 等不同页面。

具体实现方法是选择 left.html 页面中的"电影"文本，设置"属性"面板中的"链接"为 movie.html，"目标"为 mainFrame，如图 6-89 所示。

图 6-87　编辑框架起始页

图 6-88　框架"属性"面板

图 6-89　文本"属性"面板

　　然后依次为"主页""音乐""摄影"文本设置相应超链接并保存文件,最终在浏览器中单击链接后的浏览效果如图 6-90～图 6-93 所示。

图 6-90 在 mainFrame 框架中显示 music.html

图 6-91 在 mainFrame 框架中显示 movie.html

图 6-92 在 mainFrame 框架中显示 camera.html

图 6-93 在 mainFrame 框架中显示 myself.html

6.4 CSS 应用

6.4.1 认识 CSS

CSS 是 cascading style sheets(层叠样式表)的缩写,是一种对 Web 文档添加样式的简单有效机制。CSS 样式可以对网页元素实现精确的定位,除了可以控制传统的格式属性(如字体、尺寸和对齐等)之外,还可以设置位置、特殊效果及鼠标滑过等 HTML 属性。

CSS 样式的基本格式由三部分组成:选择器(selector)、属性(property)和属性值(value)。CSS 样式的基本格式如下:

CSS 选择符{属性1:属性值;属性2:属性值;属性3:属性值;…}

CSS 样式分为三种,分别是内联样式(inline style)、内部样式表(internal style sheet)和外部样式表(external style sheet)。

① 内联样式:是指把 CSS 样式表写在 HTML 标签中,如<p style = " font-family:宋体;font-size:14px;color:#999999;">内联样式<p>。内联样式是由 HTML 标签下的 style 属性支持,只需将 CSS 代码用";"隔开写在 style =之后的" "中。这种方式不符合内容与样式分离的设计理念,应尽量少用。

② 内部样式表:是将 CSS 样式表代码集中放置在 HTML 文档中的一个固定位置上,如图 6-94 所示。

图 6-94 "内部样式表"代码区域

样式表由<style>、</style>标签标记在<head>、</head>之间,作为单独的一部分,但其仍保存在网页文件中。内部样式表是 CSS 样式表的初级应用形式,只针对当前页面有效,不能跨页执行,适合包含页面较少的小网站使用。

③ 外部样式表:是将 CSS 代码单独编写,保存成样式文件(一般以.css 作为扩展名)。在此后的网页中,就可以使用 link 标签调用它,而且多个网页可以调用同一个外部样式表文件。在大

型网站中经常通过调用外部样式表来快速设置网页样式。例如,如图 6-95 所示是用户自定义的 CSS 样式表文件,然后在如图 6-96 所示的网页文件中对其进行调用。

图 6-95　外部 CSS 样式表　　　　　图 6-96　网页中调用"外部样式表"

6.4.2　CSS 样式的创建与编辑

1. CSS 样式的创建

CSS 样式的创建一般有两种方式:一种是利用"CSS 样式"面板,在可视化的环境中创建;另一种是在"代码"视图中直接编写相关代码。这里介绍利用"CSS 样式"面板创建 CSS 样式。

"CSS 样式"面板是新建、编辑、管理 CSS 的主要工具。选择"窗口"→"CSS 样式"命令可以打开或关闭"CSS 样式"面板,如图 6-97 所示。

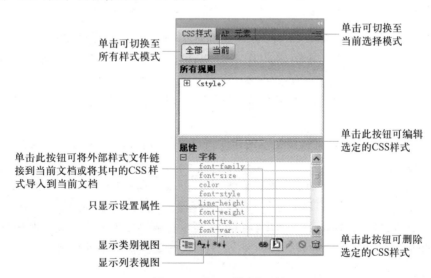

图 6-97　"CSS 样式"面板

"CSS 样式"面板的"全部"选项卡包含两个窗格。"所有规则"窗格显示当前文档中定义的样式以及链接到当前文档的样式文件中定义的样式;通过"属性"窗格可以快速编辑"所有规则"窗格中所选 CSS 样式的属性。

下面介绍如何利用"CSS 样式"面板来创建新样式。

① 单击面板下方"新建"按钮 ，打开"新建 CSS 规则"对话框，如图 6-98 所示。

图 6-98　"新建 CSS 规则"对话框

② 在"选择器类型"下拉列表中选择要创建的样式类型，然后在"选择器名称"编辑框中输入或选择样式名称，选择器类型有 4 类。

a. 类样式：又称自定义样式，它是唯一可用于网页中任何对象的 CSS 样式类型，主要用于定义一些特殊样式。类样式必须以"."开头，如 . myhead1，如果没有输入开头的小数点，Dreamweaver 会自动添加。

b. ID 样式：仅能应用于网页文档中的某一个 HTML 元素。此类样式以#开头，只能为网页中的一个 HTML 元素设置样式。例如，定义 ID 样式#myCSS_ID，如果同时给段落和图像设置这种样式就会出现 ID 冲突的错误。

c. 标签样式：用于定义 HTML 标签的样式，定义<p>标签样式后，网页中所有的段落自动应用该样式。

d. 复合内容样式：用于定义链接文本的样式，也可用于定义同时影响两个或多个标签、类或 ID 的复合规则。

要定义复合内容样式，需要在"选择器类型"下拉列表中选择"复合内容"，然后在"选择器名称"编辑框中输入一个或多个 HTML 标签，或在"选择器名称"下拉列表中选择一个标签（包括 a：active、a：hover、a：link 和 a：visited）。其中，a：active 表示在链接文本上按下鼠标时的样式，a：hover 表示鼠标指向链接文本时的样式，a：link 表示正常状态下链接文本的样式，a：visited 表示访问过的链接样式。

2. CSS 样式的编辑与删除

如果对网页中已有的 CSS 样式设置不满意，可通过 CSS 面板来对其进行编辑、删除等。编辑 CSS 样式时，需要先在"CSS 样式"面板中选择待编辑的 CSS 样式，然后单击面板中的"编辑样式"按钮，通过打开的"CSS 规则定义"对话框，对样式重新进行设置。如果希望删除 CSS 样式，则在"CSS 样式"面板中选择待删除的 CSS 样式，然后按 Delete 键即可。

6.4.3 CSS 应用举例

1. 创建标签 CSS 样式

标签样式是网页中最为常见的一种样式。通常在新建一个网页时需要建立<body>标签样式,以控制页面整体的字体、颜色和背景效果。

① 打开需要设置样式的网页和"CSS 样式"面板,如图 6-99 所示。

② 单击"CSS 样式"面板右下方"新建 CSS 规则"按钮 ,打开"新建 CSS 规则"对话框。此处需要重新定义 HTML 标签 body 的默认格式,在"选择器类型"下拉列表中选择"标签(重新定义 HTML 元素)"选项;在"选择器名称"下拉列表中选择 body 选项;在"规则定义"下拉列表中选择"仅限该文档"选项,如图 6-100 所示。最后,单击"确定"按钮。

③ 随即打开"body 的 CSS 规则定义"对话框,在此主要定义分类中的"类型"属性、"背景"属性和"方框"属性,具体设置如图 6-101 ~ 图 6-103 所示。

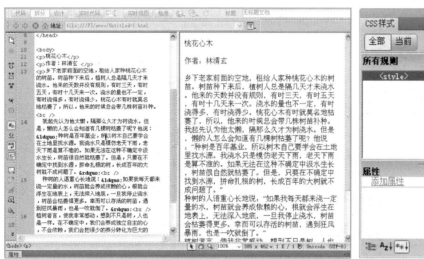 

图 6-99　网页与"CSS 样式"面板

实验素材6-2:
CSS样式(桃花心木)

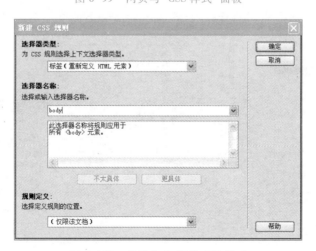

图 6-100　新建 body 标签 CSS 样式

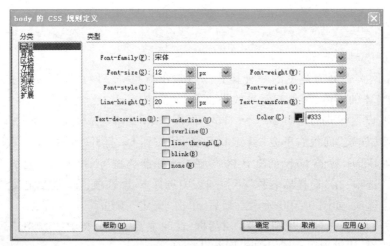

图 6-101   "类型"属性设置

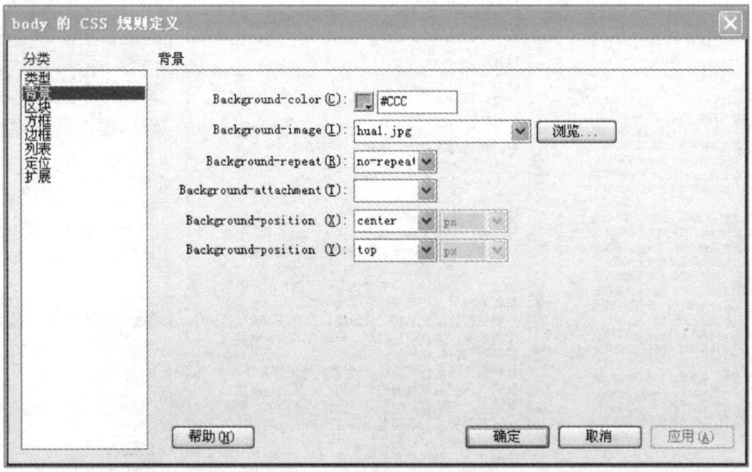

图 6-102   "背景"属性设置

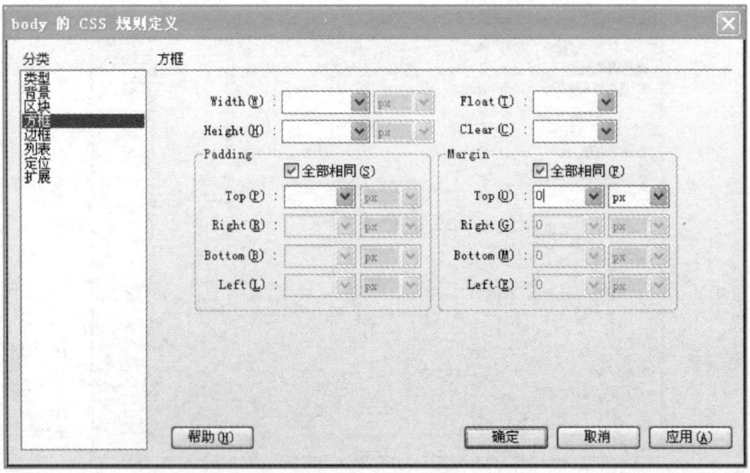

图 6-103   "方框"属性设置

④ 设置完成后,网页预览效果如图 6-104 所示,在"CSS 样式"面板中可以看到刚刚设定的标签 body 的内部样式代码,如图 6-105 所示。

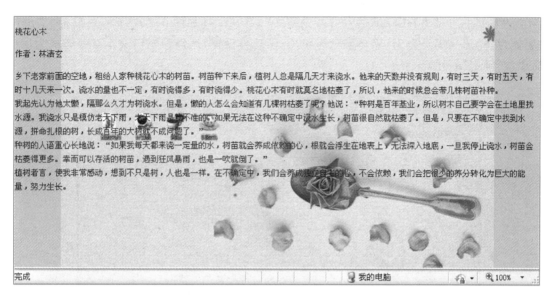

图 6-104 标签 body 样式应用效果

2. 创建(自定义)类样式

类样式可以对网页中的元素进行精确控制,达到突出强调的效果。上例中,通过标签 body 样式可设置网页的整体样式。但如果要对网页中的局部内容做个性化设置,例如,想突出强调文章题目"桃花心木",则可以通过设置类样式来达到效果。

① 选中文本"桃花心木",右击,在快捷菜单中选择"CSS 样式"→"新建"命令,随即弹出如图 6-106 所示的"新建 CSS 规则"对话框。

图 6-105 "CSS 样式"面板中 body 样式

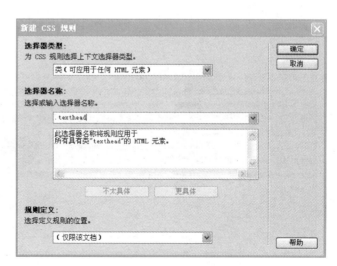

图 6-106 新建自定义类". texthead"CSS 样式

② 在"选择器类型"下拉列表框中选择"类(可应用于任何 HTML 元素)"选项;在"选择器名称"文本框中输入类的名字,类名必须以小数点开头,如 . texthead;在"规则定义"下拉列表框中选择"(仅限该文档)"选项,最后单击"确定"按钮。

③ 在随即打开的". texthead 的 CSS 规则定义"对话框中(如图 6-107 所示),设置"类型"属性:字体为"幼圆"、字号为 35、字体颜色为#00C;然后再设置"区块"属性:文本对齐方式为居中。最后单击"确定"按钮。

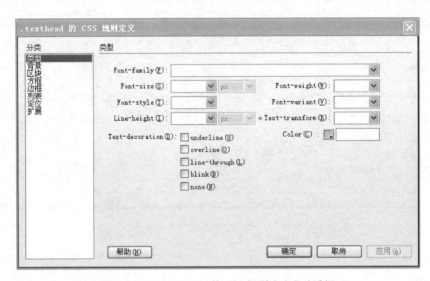

图 6-107 ". texthead 的 CSS 规则定义"对话框

④ 保存文件,在浏览器中查看"桃花心木"文本的效果如图 6-108 所示。此时在"CSS 样式"面板上也增加了规则 . texthead,如图 6-109 所示。

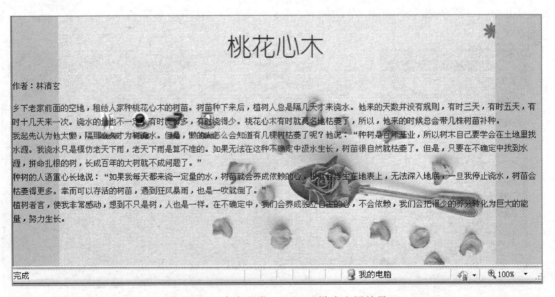

图 6-108 自定义类 . texthead 样式应用效果

图 6-109 "CSS 样式"面板中的 .texthead 样式

实 验 指 导

实验一　HTML 网页设计

实验目的:

掌握 HTML 语言中常用标记及其作用。

实验内容:

制作一个网页,内容自己选择,例如,可以是个人主页,可以是某一主题网页等。具体要求如下。

① 内容健康向上,页面美观大方。

② 必须包含不同格式的文本、图片(≥1)、表格(≥1)、超链接(≥1)。

③ 其他内容根据自己的需求自由添加。

④ 使用 HTML 设计制作。

⑤ 最后将源代码、网页运行图及所有其他文件一起压缩成一个文件提交。

实验二　小型网站设计

实验目的:

1. 了解网站建设的步骤。

2. 了解 Dreamweaver CS5 网站建设各要素的操作及作用。

实验内容:

1. 使用 Dreamweaver CS5 开发一个关于中国传统文化介绍的网站。

2. 网站包含首页及若干个子页,具体组成结构如图 6-110 所示,首页 index. html 的运行结果如图 6-111 所示,子页儒家文化 rj_Frameset. html 的运行结果如图 6-112 所示,子页释家文化 sj_Frameset. html 的运行结果如图 6-113 所示,子页道家文化 dj_Frameset. html 的运行结果如图 6-114 所示,子页儒家代表人物 rjdbrw. html 的运行结果如图 6-115 所示,子页儒家代表著作 rjdbzz. html 的运行结果如图 6-116 所示,子页儒家乐曲欣赏 rjjdyy. html 的运行结果如图 6-117 所示。子页释家代表人物 sjdbrw. html 的运行结果如图 6-118 所示,子页释家代表著作 sjjd. html 的运行结果如图 6-119 所示,子页释家乐曲欣赏 sjjdyy. html 的运行结果如图 6-120 所示。子页道家代表人物 djdbrw. html 的运行结果如图 6-121 所示,子页道家代表著作 djjd. html 的运行结果如图 6-122 所示,子页道家乐曲欣赏 djjdyy. html 的运行结果如图 6-123 所示,子页留言箱 lyx. html 的运行结果如图 6-124 所示。

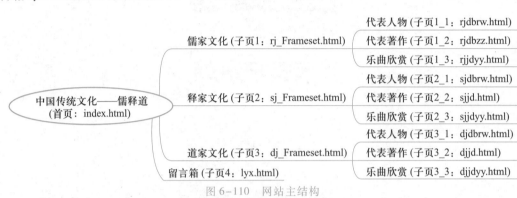

图 6-110　网站主结构

图 6-111　网站首页运行结果

中国传统文化-儒家文化

代表人物
代表著作
乐曲欣赏

儒家又称儒学、儒家学说，或称为儒教，是中国古代最有影响的学派。做为华夏固有价值系统的一种表现的儒家，是中华法系的法理基础，对中国以及东方文明发生过重大影响并持续至今的意识形态，儒家思想是东亚地区的基本文化信仰。

中国儒家文化是一种人文主义思想文化，这已经成为大家的基本共识。作为承继夏、商、周三代文化为己任的儒家来说，道德人文主义精神气质自然是它最鲜明的特征。儒家传统重视"人文"，儒家文化倾心于人的问题，具有极浓的人文关怀意蕴。

中国传统文化有一个显著的特点，就是以"人"为中心，这是儒家的特点，因为儒学在中国文化传统中居于主导地位，所以也成为传统文化的特点。可以这样说，儒家文化不是西方的人道主义，却有非常深厚的人道关怀思想，不是西方的人文主义，却有非常浓郁的、中国文化特色的人文气质或人文情怀。

儒家文化的人文情怀重点表现在以下几个方面：

- 肯定人的地位，彰显人的价值。
- 重视人伦关系，倡导人伦义务。
- 推崇人的主体性，强调独立人格。
- 饱含忧患意识，担当历史责任。
- 探索社会理想，追求人生大道。

图 6-112 儒家文化首页运行结果

中国传统文化-儒家文化

代表人物
代表著作
乐曲欣赏

孔子

孔子（公元前551年9月28日—公元前478年4月11日），子姓，孔氏，名丘，字仲尼，鲁国陬邑人（今山东曲阜），祖籍宋国栗邑（今河南夏邑），中国著名的大思想家、大教育家。孔子开创了私人讲学的风气，是儒家学派的创始人。

孔子曾受业于老子，带领部分弟子周游列国十四年，晚年修订六经，即《诗》《书》《礼》《乐》《易》《春秋》。相传他有弟子三千，其中七十二贤人。孔子去世后，其弟子及其再传弟子把孔子及其弟子的言行语录和思想记录下来，整理编成儒家经典《论语》。

孔子在古代被尊奉为"天纵之圣"、"天之木铎"，是当时社会上的最博学者之一，被后世统治者尊为孔圣人、至圣、至圣先师、大成至圣文宣王先师、万世师表。其儒家思想对中国和世界都有深远的影响，孔子被列为"世界十大文化名人"之首。孔子被尊为儒教始祖（非儒学），随着孔子影响力的扩大，孔子祭祀也一度成为和上帝、和国家的祖宗神同等级别的"大祀"。

亚圣——孟子

孟子（约公元前372年—约公元前289年），名轲，字子舆，华夏族，邹（今山东邹城市）人。
孟子是战国时期伟大的思想家、教育家，儒家学派的代表人物。与孔子并称"孔孟"。代表作有《鱼我所欲也》、《得道多助，失道寡助》和《生于忧患，死于安乐》，《寡人之于国也》编入高中语文教科书中。
后世追封孟子为"亚圣公"，尊称为"亚圣"，其弟子及再传弟子将孟子的言行记录成《孟子》一书，属语录体散文集，是孟子的言论汇编，由孟子及其弟子共同编写完成，倡导"以仁为本"。

辞赋之祖——荀子...

荀子（约公元前313年—公元前238年），名况，字卿，华夏族（汉族），战国末期赵国人。著名思想家、文学家、政治家，时人尊称"荀卿"。西汉时因避汉宣帝刘询讳，因"荀"与"孙"二字古音相通，故又称孙卿。曾三次出任齐国稷下学宫的祭酒，后为楚兰陵（位于今山东兰陵县）令。
荀子对儒家思想有所发展，在人性问题上，提倡性恶论，主张人性有恶，否认天赋的道德观念，强调后天环境和教育对人的影响。其学说常被后人拿来跟孟子的"性善论"比较，荀子对重新整理儒家典籍也有相当显著的贡献。

图 6-113 儒家主要人物页运行结果

代表人物
代表著作
乐曲欣赏

儒家经典（Confucian classics）或称儒家典籍，是儒家学派的典范之作，被世人奉为"经"，受到历代帝王的推崇。传统的儒家典籍有三类，孔子所定谓之经，弟子所释谓之传，或谓之记。儒家经典主要指十三经，同时也包括历代儒家学者的评注和解说。十三经是儒家文化的基本著作，就传统观念而言，《易》、《诗》、《书》、《礼》、《春秋》谓之"经"，《左传》、《公羊传》、《谷梁传》属于《春秋经》之"传"，《礼记》、《孝经》、《论语》、《孟子》均为"记"，《尔雅》则是汉代经师的训诂之作。其中，"经"的地位最高，"传"、"记"次之，《尔雅》又次之。西汉时期，汉武帝采纳董仲舒建议，"罢黜百家、独尊儒术"，尊六经立学宫，将儒家经典抬升至汉朝最高道德规范。

图 6-114　儒家代表著作页运行结果

中国传统文化-儒家文化

代表人物
代表著作
乐曲欣赏

中国素以"礼乐之邦"称着于世，具有悠久的乐教传统。纵观悠远流长的中国音乐教育史，我们不难发现在音乐教育中，音乐更多地承载了道德教化的作用，因此它备受历代统治阶级的关注和推崇。"音乐思想，即音乐观，是指对音乐的看法"。从古至今对音乐的看法可谓众说纷纭，而儒家学派的音乐思想对我国音乐文化的影响最为深远。下面请欣赏：

《孔子》，仰止高山，参之九天……

《关雎》，关关雎鸠，在河之洲……

《上善若水》，人生当如水，上善之美……

《弟子规》，弟子规，圣人训，首孝悌，次谨信……

《三字经》，人生人之初呀性本善，性相近，习相远……

《家和万事兴》，家和万事兴，家和万事兴，和和顺顺，平平安安，每一天……

图 6-115　儒家乐曲欣赏页运行结果

中国传统文化-释家文化

代表人物
代表著作
乐曲欣赏

释家文化即佛家文化。佛教距今已有三千多年，由迦毗罗卫国（今尼泊尔境内）王子乔达摩·悉达多所创（参考佛诞）。西方国家普遍认为佛教起源于印度，而印度事实上也在努力塑造"佛教圣地"形象。这使得很多人产生佛祖降生在印度的错觉，这让尼泊尔民众一向不满。

佛教是世界三大宗教之一。佛，意思是"觉者"。佛又称如来、应供、正遍知、明行足、善逝、世间解、无上士、调御丈夫、天人师、世尊。佛教重视人类心灵和道德的进步和觉悟。佛教信徒修习佛教的目的即在于依照悉达多所悟到修行方法，发现生命和宇宙的真相，最终超越生死和苦、断尽一切烦恼，得到究竟解脱。

佛姓新称乔达摩（S. Gautama，P. Gotama），旧称瞿昙；因为他属于释迦（Sākya）族，人们又称他为释迦牟尼。

全部佛法的精义归纳起来为如下三句话：

- 诸法实相
- 般若无智
- 涅槃无名

这三句话出自鸠摩罗什祖师的弟子僧肇法师著的《肇论》。

图 6-116　释家文化首页运行结果

中国传统文化—释家文化

代表人物
代表著作
乐曲欣赏

释迦牟尼

佛教的创立者释迦牟尼（佛陀），是古代中印度迦毗罗卫国的释迦族人，他存在于西元前第一个千年的中期。此时商品贸易的繁荣促使了刹帝利阶层的崛起，构成阻碍的传统婆罗门教权威地位被削弱，思想界活跃着包括佛教在内的沙门思潮。

释迦牟尼的生平，没有引起早期三藏编者的重视，他们只是尽量详细记录导师的言词；更详尽的叙述和更传奇的故事在后来才被精心编造出来。关于佛陀的形象，相对可靠的是一个基本轮廓。他成长于富裕的环境，娶妻生子后，大概29岁时出家；所学的禅定和苦行都无法解决问题；约35岁时得到佛陀的自觉。余生的岁月，他的足迹遍布恒河流域，向各阶层说法教化，他对外道思想所做的扬弃，纠正了时代文明的某些偏失，也维护了刹帝利的阶级利益，使他被尊称为释迦族的圣人。

佛灭后，圣典先是口口传诵，较晚才陆续出现文字经典；原始经典后来又经各派的重新编纂。这一系列的过程，佛陀的原说一直被加工。所以在全部藏经中，某些法义以略不相同的面目出现。最多能在一定程度体现佛陀教说的，是巴利五部尼柯耶和汉译四部阿含所代言的"原始佛教"，其内容结构多为三法印、四谛、八正道、十二缘起、三十七道品等。佛陀的根本原理，是成立于无常、无我的缘起，例如舍利弗皈依佛陀前，只需告诉他："世尊所说，诸法是因缘的生灭"。

菩提达摩

菩提达摩（Bodhidharma）是南北朝禅僧，略称达摩或达磨，意译为觉法，据《续高僧传》记述，南天竺人，属刹帝利种姓，通彻大乘佛法，为修习禅定者所推崇。

北魏时，曾在洛阳、嵩山等地传授禅教。当时对他所传的禅法褒贬不一，约当魏末入寂于洛滨，据《景德传灯录》在民间常称其为达摩祖师，即禅宗的创始人。

著作有《少室六门》上下卷，包括《心经颂》《破相论》《二种入》《安心法门》《悟性论》《血脉论》6种，还有敦煌出土的《达摩和尚绝观论》《释菩提达摩无心论》《南天竺菩提达摩禅师观门》等，大都系后人所托。

弟子有慧可、道育、僧副和昙林等。

六祖惠能

六祖惠能大师（638年2月27日[二月初八]—713年），俗姓卢氏，河北燕山人（今河北省涿州市），随父流放岭南新州（今广东新兴县）。佛教禅宗祖师，得黄梅五祖弘忍传授衣钵，继承东山法门，为禅宗第六祖，世 称禅宗六祖。唐宪宗追谥大鉴禅师。是中国历史上有重大影响的佛教高僧之一。陈寅恪称赞六祖："特提出直指人心、见性成佛之旨，一扫僧徒繁琐章句之学，摧陷廓清，发聋振聩，固我国佛教史上一大事也！"

六祖的法号，历来志为"慧能"或"惠能"的均有。据说六祖本人不识字，但六祖门人法海曾记载"……专为安名，可上惠下能也。父曰，何名惠能？僧曰，惠者，以法惠施众生；能者，能作佛事"，此外，六祖法体真身的安放地南华禅寺亦以"惠能"为准，可知"慧能"当是讹误。

代表东方思想的先哲孔子、老子和惠能，并列为"东方三圣人"，惠能作为在我国历史上有重大影响的思想家之一，其思想包含着的哲理和智慧，至今仍给人以有益的启迪，并越来越受到广泛的关注。

图 6-117 释家代表人物页运行结果

中国传统文化—释家文化

代表人物
代表著作
乐曲欣赏

主要经典
三大经《华严经》《法华经》《楞严经》。
三大咒 和十小咒：
三大咒：《楞严咒》《大悲咒》《尊胜咒》
十小咒：《如意宝轮王陀罗尼》《消灾吉祥神咒》《功德宝山神咒》《准提神咒》《圣无量寿决定光明王陀罗尼》《药师灌顶真言》《观音灵感真言》《七佛灭罪真言》《往生咒》《大吉祥天女咒》
四阿含经：《长阿含经》《中阿含经》《杂阿含经》《增一阿含经》
方等多部：如《维摩诘所说经》《圆觉经》《阿弥陀经》《无量寿经》《观无量寿佛经》《大宝积经》《大集经》《楞伽经》《药师经》《地藏经》等等多部。
十大般若：《大般若经》《放光般若》《摩诃般若》《光赞般若》《道行船若》《学品般若》《胜天王所说般若》《仁王护国般若经》《实相般若经》《文殊般若经》。
一涅槃：《涅槃经》

图 6-118 释家经典著作页运行结果

中国传统文化-释家文化

佛教音乐是用以礼佛、赞佛，宣传佛教，扩大佛教影响的一种宗教音乐。又称"梵呗"，意谓用古印度的梵文音调来唱颂佛经和赞礼佛陀，有"清净之音"的美名。据说，释迦牟尼在世时，就有佛教徒作伎乐供养佛，见佛欢喜。僧人们在诵经时，使用了鼓、螺、笛等作伴奏。以后，随着佛教的向外传播，而逐渐流布各地，并形成民族化的风格。>
下面请欣赏：

《心经》 观自在菩萨，行深般若波罗蜜多时，照见五蕴皆空……

《大悲咒》 南摩喝啰怛那，哆啰夜耶，南摩……

《菩提本无树》 菩提本无树，明镜亦非台……

《醒来》 从生到死有多远，呼吸之间……

《南无阿弥佗佛》 南无阿弥佗佛，南无阿弥佗佛……

《六字真言颂》 唵嘛呢叭咪吽，唵嘛呢叭咪吽……

图 6-119 释家乐曲欣赏页运行结果

中国传统文化-道家文化

道家文化，以先秦时代的哲学家老子为其创始人，在中国传统文化中占有重要地位。道家思想对中华民族传统美德的形成有重要的影响，如老子的虚怀若谷、宽容谦逊的思想，恬淡素朴、助人为乐、反对争名夺利的思想，以柔克刚、以弱胜强的思想等。正是这种道教文化的发扬，形成了中华民族开阔的文化襟怀，使中华民族的古老文化能够经久不衰，愈来愈繁荣昌盛。

中国是一个多民族的国家，各个民族对中国传统文化的发展都有自己的一定贡献，所以有不少学者认为中国的传统文化是多元互补的，是复合的，不是单一的。在这个多元互补的复合体中，儒、释、道三家又为其主干，是它的三大支柱。这里所谓的"道"，是包括道家和道教在内的。

道家正式形成于东汉后期，距今已有近2000年的历史，是中国土生土长的宗教，道教的创始人为老子，著有五千言《道德经》。
下面请欣赏《道德经》第一章：

道可道，非常道。名可名，非常名。无名天地之始；有名万物之母。故常无，欲以观其妙；常有，欲以观其徼。此两者，同出而异名，同谓之玄。玄之又玄，众妙之门。

图 6-120 道家文化首页运行结果

中国传统文化-道家文化

老子（约公元前571年-公元前471年）：字伯阳，谥号聃，又称李耳（古时"老"和"李"同音；"聃"和"耳"同义），出生于周朝春秋时期陈国苦县厉乡曲仁里（今河南省鹿邑县太清宫镇），曾做过周朝"守藏室之官"（管理藏书的官员），是中国古代伟大的思想家、哲学家、文学家和史学家，被道教尊为教祖，世界文化名人。老子思想主张"无为"，《老子》以"道"解释宇宙万物的演变，"道"为客观自然规律，同时又具有"独立不改，周行而不殆"的永恒意义。《老子》书中包括大量朴素辩证法观点，如以为一切事物均有自己正反两面，并能由对立而转化，是为"反者道之动"，"正复为奇，善复为妖"；"祸兮福之所倚，福兮祸之所伏"。又以为世间事物均为"有"与"无"之统一，"有、无相生"，而"无"为基础，"天下万物生于有，有生于无"。他大斥民众的待吾有："天之道，损有余而补不足，人之道则不然，损不足以奉有余"；"民之饥，以其上食税之多"；"民之轻死，以其上求生之厚"；"民不畏死，奈何以死惧之"。他的哲学思想和由他创立的道家学派，不但对中国古代思想文化的发展起了重要贡献，而且对中国2000多年来思想文化的发展产生了深远的影响。关于他的身份，还有人认为他是老莱子，也是楚国人，跟孔子同时，曾著书十五篇宣传道家之用。

老子

庄子，姓庄，名周，字子休（亦说子沐），宋国蒙人，先祖是宋国君主宋戴公。他是东周战国中期著名的思想家、哲学家和文学家。创立了华夏重要的哲学学派庄学，是继老子之后，战国时期道家学派的代表人物，是道家学派的主要代表人物之一。

庄周因崇尚自由而不应楚威王之聘，生平只做过宋国地方的漆园吏，史称"漆园傲吏"，被誉为地方官吏之楷模，庄子最早提出"内圣外王"思想对儒家影响深远，庄子洞悉易理，深刻指出"《易》以道阴阳"；庄子"三籁"思想与《易经》三才之道相结合，他的代表作品是《庄子》，其中的名篇有《逍遥游》、《齐物论》等，与老子齐名，被称为老庄。

庄子的想象力极为丰富，语言运用自如，灵活多变，能把一些微妙难言的哲理说得引人入胜，他的作品被人称之为"文学的哲学，哲学的文学"。据传，又尝隐居南华山，故唐玄宗天宝初，诏封庄周为南华真人，称其著书《庄子》为《南华经》。

列子（公元前450年—公元前375年之间，享年不明），本名列御寇（"列子"是后人对他的尊称），华夏族学者，周朝郑国公国圃田（今中国河南省郑州市）人，古帝王列山氏之后。

道家学派的杰出代表人物，先秦天下十豪之一，著名的思想家、文学家。对后世哲学、文学、科技、养生、乐曲、宗教影响非常深远，著有《列子》，其学说对后世黄帝老子，伯同子老、庄。创立了先秦哲学学派贵虚学派（列子学）。是介于老子与庄子之间道家学派承前启后的重要传承人物。

列子

图 6-121 道家代表人物页运行结果

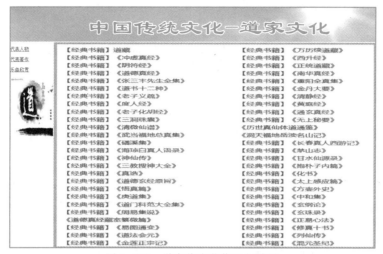

图 6-122　道家代表著作运行结果

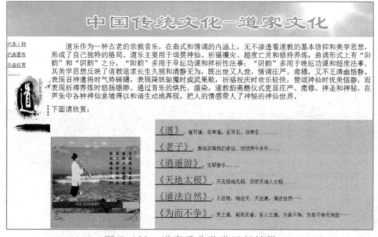

图 6-123　道家乐曲欣赏运行结果

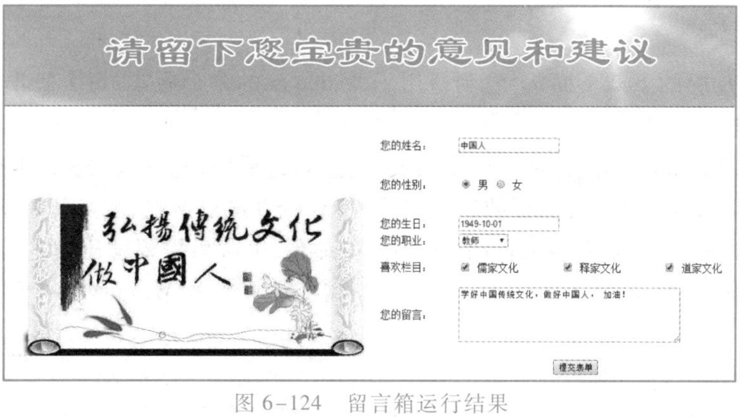

图 6-124　留言箱运行结果

　　3. 将源代码、网站开发步骤说明书(用 Word 书写)、网页运行图及所有其他文件一起压缩成一个文件提交。

第7章 算法与程序设计

7.1 Python 环境构建

Python 的开发和运行环境是学习 Python 的基本工具,下面首先来安装 Python 3,并配置开发环境。以稳定版 Python 3.6.3 为例,介绍 Python 3 在 Windows 操作系统上的安装过程,如需安装更高版本,本节仅供参考。

7.1.1 在 Windows 系统中安装 Python 3

进入 Python 官方网站下载安装包,单击导航栏的 Downloads 按钮,选择 Windows 系统,如图 7-1 所示。

图 7-1 Python 官方网页

进入 Windows 版的下载页面,会看到适用于 Windows 的多个版本,每个版本又有多个下载选项,这里对选项进行说明。

① web-based installer:基于 Web 的安装文件,安装过程中需要一直连接网络。

② executable installer:是可执行的安装文件,下载后直接双击它,就可开始安装。

③ embeddale zip file:是安装文件的 zip 格式压缩包,下载后需要解压缩之后再进行安装。

④ Windows x86-64 executable installer:x86 架构的计算机的 Windows 64 位操作系统的可执行安装文件。

下载页面如图 7-2 所示。

这里选择的是 Windows x86 executable installer,下载完成后,双击该文件,进行安装。

安装时,请根据 Windows 系统的实际情况进行选择或配置。为了更好地熟悉 Python 3 的环境,这里选择自定义安装。

图 7-2　下载页面

如图 7-3 所示,安装时需要勾选最下方的 Add Python 3.6 to PATH 复选框,即把 Python 3.6 的可执行文件、库文件等路径添加到环境变量,这样可以在 Windows Shell 环境下面运行 Python。然后选择 Customize installation(自定义安装)选项,进入下一步。

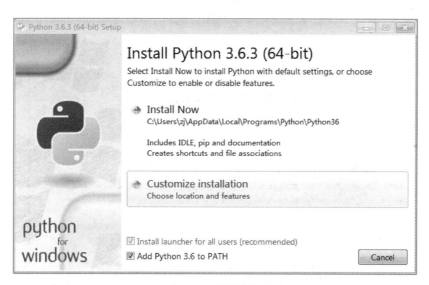

图 7-3　开始安装

在选择 Optional Features 可选功能时,如果没有其他的特殊需求,就全选上,这些功能如下所示。

① Documentation:安装 Python 文档文件。

② pip:下载和安装 Python 包的工具。

③ td/tk and IDLE:安装 Tkinter 和 IDLE 开发环境。

④ Python test suite:Python 标准库测试套件。

⑤ py launcher:Python 启动器。

⑥ for all users(requires elevation):所有用户使用。

单击 Next 按钮进行下一步,如图 7-4 所示。

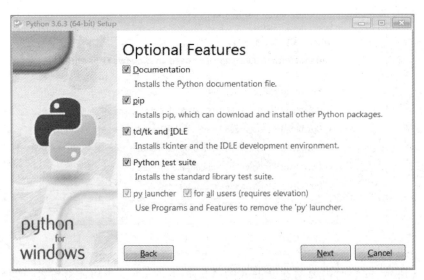

图 7-4 可选功能选择

进入高级选项设置界面,勾选 Install for all users 复选框针对所有用户安装,就可以按自己的需求修改安装路径,如图 7-5 所示。这里安装路径修改到了 D：\Program Files\Python36 下,单击 Install 按钮开始安装。

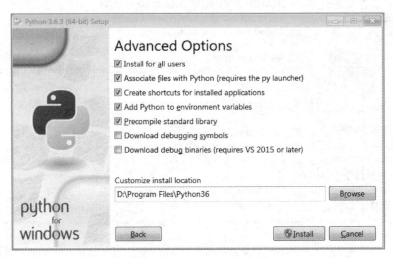

图 7-5 高级选项

安装完成,如图 7-6 所示。

然后使用命令提示符进行验证,打开 Windows 的命令行模式,输入 Python 或 python,屏幕输出如图 7-7 所示,则说明 Python 解释器成功运行,Python 安装完成,并且相关环境变量配置成功。

7.1.2 Python 程序的编辑方式

下面介绍 Windows 中调用 Python 解释器来编写和执行程序的 3 种方法。

图 7-6 安装完成

图 7-7 验证安装

第一种方法,在命令行模式下,进入 Python 编辑器进行代码编写,该方法可以简单快速地开始编程。

在 Windows(Windows 7 或 Windows 10)操作系统中,按 Win+R 键,弹出"运行"窗口,输入 cmd 命令,单击"确定"按钮,弹出的窗口如图 7-7 所示,在提示符后输入 Python 或 python,按 Enter 键确认后即可进入 Python 命令行,在提示符>>>之后,可以输入程序代码,进行简单代码的调试了。

第二种方法,单击 Windows 的"开始"菜单,从"程序"组中找到 Python 3.6 下的 IDLE(Python 3.6 64-bit)快捷方式,如图 7-8 所示。

单击并进入 Python IDLE Shell 窗口,在提示符>>>之后,输入程序代码,调试即可,如图 7-9 所示。

图 7-8 启动 IDLE Shell

第三种方法,参照第二种方法打开 IDLE 时,系统默认打开的是 IDLE Shell 窗口,修改 IDLE 启动时的默认设置,使其直接打开 IDLE 的编辑器窗口(Editor Window):单击 Options 菜单,在下拉菜单中选择 Configure IDLE 命令,如图 7-10 所示。在弹出的 Settings 对话框中选择 General 选项卡,在 Window Preference 选项组的 At Startup 单选按钮组中选择 Open Edit Window 单选按钮,单击 OK 按钮确认,如图 7-11 所示。

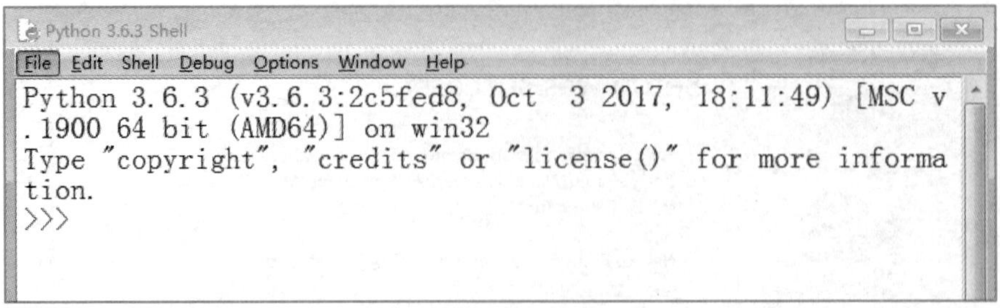

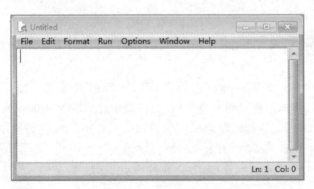

图 7-9 IDLE Shell 窗口

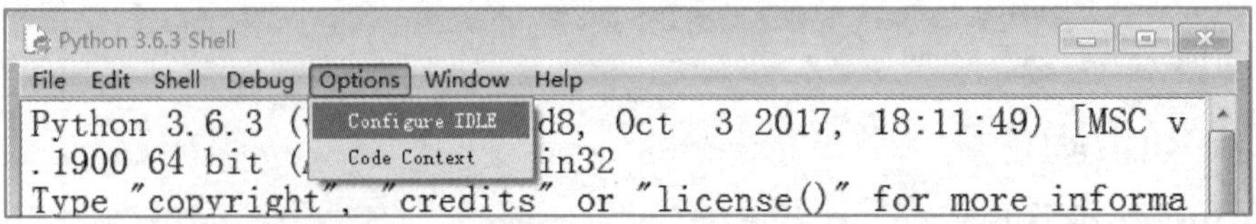

图 7-10 IDLE Shell 窗口的 Options 菜单

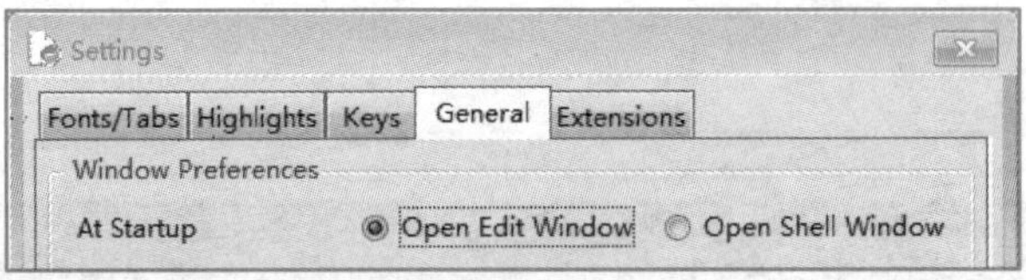

图 7-11 Settings 对话框

关闭 Shell 窗口,再次启动 IDLE,此时可直接进入编辑器窗口,如图 7-12 所示。在编辑器窗口输入代码,按 Ctrl+S 键保存程序代码,在弹出的保存对话框中输入程序文件名,主文件名需符合标识符命名规则,扩展名默认为 .py。

图 7-12 编辑器窗口

调试程序:单击 Run 菜单,在下拉菜单下选择 Run Module 命令,或者按 F5 键,将会弹出 IDLE 的 Shell 窗口并显示执行结果。

7.1.3 Python 程序的运行方式

Python 程序有两种运行方式:交互式和文件式。

1. 交互式

交互式利用 Python 解释器即时响应用户输入的代码,给出输出结果。

启动 IDLE 所显示的环境是 Python 交互式运行环境,在>>>提示符后输入代码即可运行,输入 exit()或者 quit()可以退出,没有>>>的行表示运行结果,即 7.1.2 节中介绍的第一、二种方式。

交互式一般用于调试少量代码。

2. 文件式

文件式将 Python 程序写在一个或多个文件中,启动 Python 解释器批量执行文件中的代码。

文件式程序在 IDLE 的编辑窗口中编写,即 7.1.2 节中介绍的第三种方式。

文件式是最常用的编程方式,适合于所有程序的调试。

此外,也可以通过 Windows 的命令行(cmd. exe)运行 Python 程序,对于文件名称为 code. py 的文件,可以使用命令行 python code. py 运行这个程序。在图形化操作系统中,可以通过鼠标点击直接运行 Python 程序。

7.1.4　IDLE 常用编辑功能详解

这里介绍编写 Python 程序时常用的 IDLE 选项,下面按照不同的菜单分别列出,供初学者参考。对于 Edit 菜单,除了上面介绍的几个选项之外,常用的选项及解释如下所示。

Undo:撤销上一次的修改。

Redo:重复上一次的修改。

Cut:将所选文本剪切至剪贴板。

Copy:将所选文本复制到剪贴板。

Paste:将剪贴板的文本粘贴到光标所在位置。

Find:在窗口中查找单词或模式。

Find in files:在指定的文件中查找单词或模式。

Replace:替换单词或模式。

Go to line:将光标定位到指定行首。

对于 Format 菜单,常用的选项及解释如下所示。

Indent region:使所选内容右移一级,即增加缩进量。

Dedent region:使所选内容组左移一级,即减少缩进量。

Comment out region:将所选内容变成注释。

Uncomment region:去除所选内容每行前面的注释符。

New indent width:重新设定制表位缩进宽度,范围为 2 ~ 16,宽度为 2,相当于 1 个空格。

Expand word:单词自动完成。

Toggle tabs:打开或关闭制表位。

7.2　Python 程序的基本编写方法

7.2.1　IPO 程序编写方法

Python 使用基本的输入输出编写方法,即 IPO 程序编写方法,主要分成三大步。

1. 输入数据

输入(input)是一个程序的开始。程序要处理的数据有多种来源,形成了多种输入方式,包括文件输入、网络输入、控制台输入、交互界面输入、随机数据输入、内部参数输入等。

2. 处理数据

处理(process)是程序对输入数据进行计算产生输出结果的过程。计算问题的处理方法统称为"算法",它是程序最重要的组成部分。可以说,算法是一个程序的灵魂。

3. 输出数据

输出(output)是程序展示运算成果的方式。程序的输出方式包括控制台输出、图形输出、文件输出、网络输出、操作系统内部变量输出等。

下面从程序的基本语法元素和基本输入输出函数两方面讲解 Python 程序的基本编写方法。

7.2.2 程序的基本语法元素

1. 格式框架

(1) 缩进

Python 语言采用严格的"缩进"来表明程序的格式框架。缩进指每一行代码开始前的空白区域,用来表示代码之间的包含和层次关系。缩进是 Python 语言中表明程序框架的唯一手段。

当表达分支、循环、函数、类等程序含义时,在 if、while、for、def、class 等保留字所在完整语句后通过英文冒号(:)结尾并在之后进行缩进,表明后续代码与紧邻无缩进语句的所属关系。

1 个缩进 = 4 个空格。

(2) 注释

注释是代码中的辅助性文字,会被编译或解释器略去,不被计算机执行,一般用于程序员对代码的说明。Python 语言采用#表示一行注释的开始,多行注释需要在每行开始都使用#。

Python 程序中的非注释语句将按顺序执行,注释语句将被解释器过滤掉,不被执行。注释一般用于在代码中标明作者和版权信息,或解释代码原理及用途,或通过注释单行代码辅助程序调试。

2. 语法元素

(1) 变量

变量是保存和表示数据值的一种语法元素,在程序中十分常见。顾名思义,变量的值是可以改变的,能够通过赋值(使用等号 = 表达)方式被修改,例如:

```
>>>  a=10
>>>  a=a*2
>>>  print(a)
20
```

Python 语言允许采用大写字母、小写字母、数字、下划线(_)和汉字等字符及其组合给变量命名,但名字的首字符不能是数字,中间不能出现空格,长度没有限制,但是标识符对大小写敏感,python 和 Python 是两个不同的名字。

(2) 保留字

保留字也称为关键字,指被编程语言内部定义并保留使用的标识符。Python 3. x 关键字如

表 7-1 所示。

表 7-1 关 键 字

and	continue	except	if	nonlocal	return	True
as	def	finally	import	not	try	False
assert	del	for	in	or	while	None
break	elif	from	is	pass	with	
class	else	global	lambda	raise	yield	

3. 语句元素

（1）赋值语句

Python 语言中，=表示"赋值"，即将等号右侧的值计算后将结果值赋给左侧变量，包含等号（＝）的语句称为"赋值语句"。语句格式如下：

<变量>＝<表达式>

Python 语言中允许同时给多个变量赋值，同步赋值语句格式如下：

<变量 1>，…，<变量 N>＝<表达式 1>，…，<表达式 N>

【例 7-1】 将变量 x 和 y 交换。

采用单个赋值的方式，需要 3 行语句：通过一个临时变量 t 缓存 x 的原始值，然后将 y 值赋给 x，再将 x 的原始值通过 t 赋值给 y。

```
>>>  x=3
>>>  y=4
>>>  t=x
>>>  x=y
>>>  y=t
>>>  print(x,y)
4  3
```

如果采用同步赋值语句，仅需要一行代码，如下所示。

```
>>>  x,y=3,4
>>>  x,y=y,x
>>>  print(x,y)
4  3
```

（2）引用

Python 程序会经常使用当前程序之外已有的功能代码，这个过程叫"引用"。Python 语言使用 import 保留字引用当前程序以外的功能库，使用方式如下：

import <功能库名称>

功能库引用以后，可以采用<功能库名称>.<函数名称>()方式调用具体功能。

Python 2.6 版本后引入了一个简单的绘图工具，叫做海龟绘图（turtle graphics），turtle（海龟是 Python 重要的标准库之一,它能够进行基本的图形绘制,使用 import turtle 即可导入。

【例 7-2】 顺时针画一个圆。

第 1 步:将画笔以圆点为起点向左画一条长度为半径的线。使用 turtle. forward(distance),控制画笔向当前画笔方向前进一个 distance 像素距离。distance:行进距离的像素值,当值为负数时,表示向相反方向前进。

第 2 步:顺时针转动画笔。使用 turtle. right(angle),向右旋转 angle 角度,angle 表示旋转的度数。

第 3 步:画圆。使用 turtle. circle(radius),以半径 radius 画圆,半径为正(负),表示圆心在画笔的左边(右边)画圆。

完整的程序如下:

📁 实验例题7-1:
circle. py

```
import turtle
turtle. forward( -100)
turtle. right(90)
turtle. circle(100)
```

按 F5 键运行,效果如图 7-13 所示。

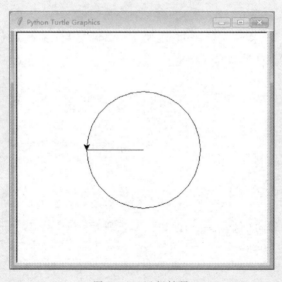

图 7-13 运行结果

使用 turtle 库可以画各种有趣的图画,感兴趣的读者可以参考 7.4 节学习。

4. 基本输入输出函数

(1) input( )函数

input( )函数是 Python 语言中值的最基本输入方法,通过用户输入,接收一个标准输入数据,默认为 string 类型,基本语法如下:

<变量>=input(<提示性文字>)

变量是需要接受用户输入的对象,提示性文字的内容在函数执行时会显示在屏幕上,用于提示用户输入。提示信息可以为空,即括号内无内容,函数执行时不会显示信息。

input()函数的数据输入时默认为字符串类型,可以使用数据类型转换函数进行转换,例如:

```
>>>  age=input("请输入年龄:")
请输入年龄:18
>>>  print(type(age))
<class  'str'>
>>>  age=int(input("请输入年龄:  "))
请输入年龄:18
>>>  print(type(age))
<class  'int'>
```

(2) eval()函数

eval(<字符串>)函数是 Python 语言中一个十分重要的函数,它能够以 Python 表达式的方式解析并执行字符串,将返回结果输出。例如:

```
>>>  a=eval("3.1+4.5")
>>>  print(a)
7.6
```

eval()函数经常和 input()函数一起使用,用来获取用户输入的数字,使用方式如下:

```
<变量>=eval(input(<提示性文字>))
```

例如:

```
>>>  r = eval(input("请输入半径: "))
请输入半径: 5
>>>  print(3.14 * r * r)
78.5
```

(3) print()函数

print()函数用于输出参数内容,参数的内容可以是数值、字符串、布尔型、列表或字典数据类型;也可以是另一函数输出的值。当然,也可以没有参数,输出一个空行。如果要输出多个参数,参数与参数之间用逗号隔开。

根据输出内容的不同,有三种用法。

第一种,仅用于输出字符串,使用方式如下:

```
print(<待输出字符串>)
```

例如:

```
print("Hello Python!")
```

第二种,仅用于输出一个或多个变量,使用方式如下:

```
print(<变量 1>, <变量 2>,…, <变量 n>)
```

print()函数通过%来选择要输出的变量,对于变量还可以进行格式化输出。例如:

```
>>>  pi = 3.141592653
>>>  print('% 10.3f'% pi) #字段宽 10,精度 3
```

```
    3.142
>>> print('%010.3f'% pi) #用 0 填充空白
000003.142
>>> print('%-10.3f'% pi) #左对齐
3.142
>>> print('%+f'% pi) #显示正负号
+3.141593
```

① % 字符:标记转换说明符的开始。

② 转换标志:-表示左对齐;+表示在转换值之前要加上正负号;""(空白字符)表示正数之前保留空格;0 表示转换值若位数不够则用 0 填充。

③ 最小字段宽度:转换后的字符串至少应该具有该值指定的宽度。如果是 ∗ ,则宽度会从值元组中读出。

④ 点(.)后跟精度值:如果转换的是实数,精度值就表示出现在小数点后的位数。如果转换的是字符串,那么该数字就表示最大字段宽度。如果是 ∗ ,那么精度将从元组中读出。

⑤ 字符串格式化转换类型,如表 7-2 所示。

表 7-2　字符串格式化转换类型及含义

转换类型	含义
d,i	带符号的十进制整数
o	不带符号的八进制数
u	不带符号的十进制数
x	不带符号的十六进制数(小写)
X	不带符号的十六进制数(大写)
e	科学记数法表示的浮点数(小写)
E	科学记数法表示的浮点数(大写)
f,F	十进制浮点数
g	如果指数大于-4 或者小于精度值则和 e 相同,其他情况和 f 相同
G	如果指数大于-4 或者小于精度值则和 E 相同,其他情况和 F 相同
C	单字符(接受整数或者单字符字符串)
r	字符串(使用 repr 转换任意 Python 对象)
s	字符串(使用 str 转换任意 Python 对象)

第三种,用于混合输出字符串与变量值,使用方式如下:

print(<输出字符串模板>.format(<变量 1>, <变量 2>,…, <变量 n>))

字符串 format()方法的基本使用格式如下:

<模板字符串>.format(<逗号分隔的参数>)

其中,模板字符串是一个由字符串和槽组成的字符串,用来控制字符串和变量的显示效果。槽用大括号({})表示,对应 format()方法中逗号分隔的参数。如果模板字符串有多个槽,且槽

内没有指定序号,则按照槽出现的顺序分别对应 . format( )方法中的不同参数。

例如:

```
>>>  a,b=12.34,10
>>>  print("数字{}和数字{}的乘积是{}".format(a, b, a*b))
数字 12.34 和数字 10 的乘积是 123.4
```

三个槽{}分别对应变量 a、b 和表达式 a*b。

槽的顺序默认从 0 开始,依次增 1,如图 7-14 所示。

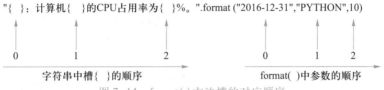

图 7-14   format( )方法槽的对应顺序

也可以指定序号,如图 7-15 所示。

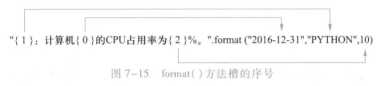

图 7-15   format( )方法槽的序号

format( )方法中模板字符串的槽除了包括参数序号,还可以包括格式控制信息。此时,槽的内部样式如下:{<参数序号>:<格式控制标记>}。

其中,格式控制标记用来控制参数显示时的格式。格式控制标记包括<填充><对齐><宽度>,<. 精度><类型>6 个字段,这些字段都是可选的,可以组合使用,它通过{}和:来代替%。

① 填充和对齐。"^""<"">"分别表示居中、左对齐、右对齐,后面带宽度。例如:

```
>>>  print('{:^14}'.format('陈某某'))
     陈某某
>>>  print('{:>14}'.format('陈某某'))
          陈某某
>>>  print('{:<14}'.format('陈某某'))
陈某某
>>>  print('{:*<14}'.format('陈某某'))
陈某某***********
>>>  print('{:*>14}'.format('陈某某'))
***********陈某某
```

② 精度和类型。精度常和 f 一起使用,例如:

```
>>>  print("{:.2f}".format(3.1415926));
3.14
```

等价于

```
>>>  print("%.2f"%3.1415926)
```

③ 进制转化,b、o、d、x 分别表示二进制、八进制、十进制、十六进制,例如:

```
>>> print('{:b}'.format(255))
11111111
>>> print('{:x}'.format(255))
ff
```

④ ","充当数字的千分位分隔符,例如:

```
>>> print('{:,}'.format(1000000))
1,000,000
```

当然,字符串 format()方法还有更多格式化数据的功能,读者可以参考相关资料自主学习。

print()函数执行完成后默认换行,如不需要换行,则在输出内容之后加上 end=""。也可以对 print()函数的 end 参数进行赋值,将以赋值结束输出。

例如,print(a,end=".")或 print(a,end=""),不换行,以"."或者空格结束。多用于多个数据输出时做输出样式的控制。参考课本九九乘法表的输出实例学习。

7.3 Python 程序举例

通过学习主教材,知道程序是由三种基本结构,即顺序结构、分支结构和循环结构组成的。这些基本结构都有一个入口和一个出口。下面通过几个实例来进一步掌握程序的三种结构。

7.3.1 分支结构

实验一 温度转换实例

温度刻画存在不同体系,摄氏度以 1 标准大气压下水的结冰点为 0 度,沸点为 100 度,将温度进行等分刻画。华氏度以 1 标准大气压下水的结冰点为 32 度,沸点为 212 度,将温度进行等分刻画。

 实验例题7-2:
TempChange.py

问题:如何利用 Python 程序进行摄氏度和华氏度之间的转换?

步骤 1:分析问题的计算部分,采用公式转换方式解决计算问题。

步骤 2:确定功能。

输入:华氏或者摄氏温度值、温度标识。

处理:温度转化算法。

输出:华氏或者摄氏温度值、温度标识。

F 表示华氏度,82F 表示华氏 82 度。

C 表示摄氏度,28C 表示摄氏 28 度。

步骤 3:设计算法。

根据华氏和摄氏温度定义,转换公式如下。其中,C 表示摄氏温度,F 表示华氏温度。

$$C = (F - 32)/1.8$$

$$F = C * 1.8 + 32$$

步骤 4：编写程序，在 Python IDLE 编辑器窗口创建名为 TempChange.py 的文件，内容如下。

```
val=input("请输入带温度表示符号的温度值(例如:32C):")
if val[-1] in ['C','c']:
        f=1.8*float(val[0:-1])+32
        print("转换后的温度为:{:.2f}F".format(f))
elif val[-1] in ['F','f']:
        c=(float(val[0:-1])-32)/1.8
        print("转换后的温度为:%.2fC"%c)
else:
        print("输入有误")
```

步骤 5：调试、运行程序。使用 IDLE 打开上述文件，按 F5 键运行，输入数值，观察输出。

实验二 身体质量指数 BMI

BMI 的定义如下：

BMI = 体重(kg)/身高^2(m^2)

例如，一个人身高 1.75 m、体重 75 kg，他的 BMI 值为 24.49。

问题：编写一个根据体重和身高计算 BMI 值的程序，并同时输出国际和国内的 BMI 指标建议值(如表 7-3 所示)。

表 7-3 国际和国内的 BMI 指标建议值

分类	国际 BMI 值/kg/m^2	国内 BMI 值/kg/m^2
偏瘦	<18.5	<18.5
正常	18.5 ~ 25	18.5 ~ 24
偏胖	25 ~ 30	24 ~ 28
肥胖	≥30	≥28

步骤 1：分析问题，可以按照输入、处理、输出的顺序结构编写程序。在处理过程中使用分支结构分情况处理数据。

实验例题7-3：CalBMI.py

输入：身高、体重。

处理：通过公式计算 BMI 数值，根据 BMI 的数值计算国际和国内的 BMI 指标。以国际标准为例分析程序流程，使用多分支，程序结构如下。

```
if    bmi < 18.5,国际标准 BMI"偏瘦"
elif bmi < 25, "正常"
elif bmi < 30, "偏胖"
else     "肥胖"
```

输出：国际和国内的 BMI 指标。

步骤 2：编写程序，代码如下：

```
height,weight=eval(input("请输入身高(米)和体重(千克)[逗号隔开]:"))
bmi=weight/pow(height,2)
```

```
print("BMI 数值为:{:.2f}".format(bmi))
wto,dom="",""
if bmi<18.5:    # WTO 标准
    wto="偏瘦"
elif bmi<25:    # 18.5 <=bmi<25
    wto = "正常"
elif bmi<30:    # 25 <=bmi<30
    wto="偏胖"
else:
    wto="肥胖"
if bmi<18.5:        #我国卫生部标准
    dom="偏瘦"
elif bmi<24:        # 18.5<=bmi<24
    dom="正常"
elif bmi < 28:      # 24<=bmi<28
    dom="偏胖"
else:
    dom="肥胖"
print("BMI 指标为:国际'{0}',国内'{1}'".format(wto, dom))
```

步骤 3:保存为名为 CalBMI.py 的文件,调试、运行程序,按 F5 键执行,输入数据,查看结果,如图 7-16 所示。

请输入身高(米)和体重(千克)[逗号隔开]: 1.61, 47
BMI数值为:18.13
BMI指标为：国际′偏瘦′，国内′偏瘦′

图 7-16　运行结果

上机实践一

请读者先运行并验证实验一、实验二,然后参照例子,编写如下程序。

1. 输入两个数,输出它们的较大者。

2. 输入学生的高数、英语、计算机三门课程的考试成绩(每门课程的考试成绩是 0 ~ 100 之间的任意数值),计算期末总成绩、平均成绩,再评定等级。等级评定标准是,平均分在[90,100]为"优秀",平均分在[80,90)为"良好",平均分在[60,80)为"中等",平均分 60 分以下为"差",输出期末总成绩、平均成绩以及等级。

7.3.2　循环结构

实验三　猜数字游戏

问题:编写一个"猜数字游戏"的程序,在 1 到 1 000 之间随机产生一个数,然后请用户循环猜测这个数字,对于每个答案只回答"猜大了"或"猜小了",直到猜测准确为止,输出用户的猜测次数。

步骤 1:分析问题。

① 为了产生随机数,需要使用 Python 语言的随机数标准库 random。

```
import random
target = random. randint(1,1000)
```

② 根据程序需求,需要考虑不断地让用户循环输入猜测值,并根据猜测值和目标值之间的比较决定循环是否结束,当猜测值与目标值相等时使用 break 语句跳出循环,结束循环语句。增加一个计数变量 count,初始值为 0,每循环一次,计数加 1。

```
count = 0
while True:
    guess = eval(input('请输入一个猜测的整数(1 至 1000):'))
    count = count +1
    if guess>target:
        print('猜大了')
    elif guess < target:
        print('猜小了')
    else:
        print('猜对了')
        break
print("此轮的猜测次数是:", count)
```

③ 由于使用了 eval(input())方式获得用户输入,如果用户输入非数字产生运行错误,程序将会退出。为了增加程序可行性,增加异常处理机制。

```
try:
    guess = eval(input('请输入一个猜测的整数(1 至 1000):'))
except:
    print('输入有误,请重试,不计入猜测次数哦!')
    continue
```

Python 程序一般对输入有一定要求,但当实际输入不满足程序要求时,可能会产生程序的运行错误。由于使用了 eval()函数,如果用户输入不是一个数字则可能报错。这类由于输入与预期不匹配造成的错误有很多种可能,不能逐一列出可能性进行判断。为了保证程序运行的稳定性,这类运行错误应该被程序捕获并合理控制。

Python 语言使用保留字 try 和 except 进行异常处理,基本的语法格式如下:

```
try:
    <语句块 1>
except:
    <语句块 2>
```

语句块 1 是正常执行的程序内容,当执行这个语句块发生异常时,则执行 except 保留字后面的语句块 2。在这里,当输入不是数字时,提示输入有误,并使用 continue 结束本次循环的运行,重新执行下一次循环,输入新的数据。

实验例题7-4:
NumGuess.py

步骤 2:编写程序,将上述代码按输入、处理、输出的结构编写程序如下。

```python
import random
target = random.randint(1,1000)
count = 0
while True:
    try:
        guess = eval(input('请输入一个猜测的整数(1 至 1000):'))
    except:
        print('输入有误,请重试,不计入猜测次数哦!')
        continue
    count = count + 1
    if guess > target:
        print('猜大了')
    elif guess < target:
        print('猜小了')
    else:
        print('猜对了')
        break
print("此轮的猜测次数是:", count)
```

步骤 3:保存为名为 NumGuess. py 的文件,调试、运行程序,按 F5 键执行,程序的运行结果如图 7–17 所示。

```
请输入一个猜测的整数 (1至1000)：567
猜大了
请输入一个猜测的整数 (1至1000)：234
猜小了
请输入一个猜测的整数 (1至1000)：450
猜小了
请输入一个猜测的整数 (1至1000)：500
猜小了
请输入一个猜测的整数 (1至1000)：538
猜小了
请输入一个猜测的整数 (1至1000)：556
猜大了
请输入一个猜测的整数 (1至1000)：550
猜小了
请输入一个猜测的整数 (1至1000)：554
猜大了
请输入一个猜测的整数 (1至1000)：552
猜对了
此轮的猜测次数是：9
```

图 7–17 程序运行结果

实验四 恺撒密码

恺撒密码是古罗马恺撒大帝用来对军事情报进行加密的算法,它采用了替换方法对信息中的每一个英文字符循环替换为字母表序列该字符后面第三个字符。

原文:A B C D E F G H I J K L M N O P Q R S T U V W X Y Z

密文:D E F G H I J K L M N O P Q R S T U V W X Y Z A B C

问题:编程写出恺撒密码的加密程序,要求根据用户输入的明文,输出密文。例如,输入明文 "This is an excellent Python book. ",输出密文 "Wklv lv dq hafhoohqw Sbwkrq errn. "。

步骤 1:分析问题的计算部分,采用公式转换方式解决计算问题。

实验例题7-5: CaesarEncode.py

步骤 2:确定功能。

输入:明文。

```
ptxt=input("请输入明文文本:")
```

处理:采用循环结构,将明文中的每一个字符,按照加密规则转换成密文。

输出:密文。

步骤 3:设计算法。

根据明文和密文的转换规则,转换公式如下。其中,P 表示原文字符,C 表示密文字符。

$$C = (P+3) \bmod 26$$

这里还需要判断原文字符的大小写,根据大小写代入公式输出密文。

步骤 4:编写代码。

```python
ptxt=input("请输入明文文本:")
for p in ptxt:
    if "a"<=p<="z":
        print(chr(ord("a")+(ord(p)-ord("a")+3)%26), end="")
    elif "A"<=p<="Z":
        print(chr(ord("A")+(ord(p)-ord("A")+3)%26), end="")
    else:
        print(p, end="")
```

步骤 5:保存为名为 CaesarEncode. py 的文件,调试、运行程序,按 F5 键执行,输入明文,观察输出。

上机实践二

请读者先运行并验证实验三、实验四,然后参照例子,编写如下程序。

1. 编写恺撒密码的解密程序,要求输入密文,输出明文。

2. 1990 年世界人口约为 50 亿,按年增长率 1% 计算,求到哪一年世界人口将突破 100 亿大关。

7.4 Python 的 turtle 库学习

turtle(海龟)是 Python 重要的标准库之一,它能够进行基本的图形绘制。

turtle 库绘制图形有一个基本框架:一个小海龟在坐标系中爬行,其爬行轨迹形成了绘制图形。对于小海龟来说,有"前进""后退""旋转"等爬行行为,对坐标系的探索也通过"前进方向""后退方向""左侧方向"和"右侧方向"等小海龟自身角度方位来完成。

7.4.1 turtle 库的引用方式

使用 import 保留字对 turtle 库的引用有如下三种方式。

第 1 种:import turtle,则对 turtle 库中函数调用采用 turtle. <函数名>( )形式。该方式可以在 IDLE 的 Shell 窗口直接运行,即支持交互式方式,例如:

```
>>>import turtle
>>>turtle.circle(200)
```

第 2 种:from turtle import * ,则对 turtle 库中函数调用直接采用<函数名>( )形式,不再使用 turtle. 作为前导,该方式仅支持文件式运行方式。例如,在 Python 的编辑器窗口输入如下代码,实现逆时针画圆。

```
from turtle import *
fd(200)
left(90)
circle(200)
```

第 3 种:import turtle as t,则对 turtle 库中函数调用采用更简洁的 t. <函数名>( )形式,保留字 as 的作用是将 turtle 库给予别名 t。同第 1 种一样,支持两种方式运行。例如:

```
>>>import turtle as t
>>>t.circle(200)
```

7.4.2 turtle 库的常用函数介绍

turtle 库包含 100 多个功能函数,主要包括窗体函数、画笔状态函数、画笔运动函数等三类。

1. 窗体函数

窗体可以看作画布,就是 turtle 展开用于绘图的区域,可以设置它的大小和初始位置。

```
turtle.setup(width, height, startx, starty)
```

作用:设置主窗体(画布)的大小和位置。

参数说明如下。

width:窗口宽度,如果值是整数,表示像素值;如果值是小数,表示窗口宽度与屏幕的比例。

height:窗口高度,如果值是整数,表示像素值;如果值是小数,表示窗口高度与屏幕的比例。

startx:窗口左侧与屏幕左侧的像素距离,如果值是 None,窗口位于屏幕水平中央。

starty:窗口顶部与屏幕顶部的像素距离,如果值是 None,窗口位于屏幕垂直中央。

2. turtle 库的坐标体系

在画布上,默认有一个坐标原点为画布中心的坐标轴,坐标原点上有一只面朝 X 轴正方向的小海龟。这里描述小海龟时使用了两个词语:坐标原点(位置),面朝 X 轴正方向(方向),turtle 绘图中,就是使用位置方向描述小海龟(画笔)的状态。turtle 库的坐标体系如图 7-18 所示。

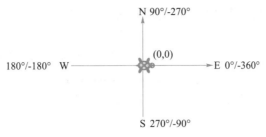

图 7-18 turtle 坐标体系

以正东方向为画笔初始方向(绝对 0°),画笔初始位置在画布正中心,坐标为(0,0)。方向体系与当前方向无关。小海龟所在的画布是绝对的客观的平面,但小海龟也有自己主观的相对当前的方向。

3. 画笔状态函数(表 7-4)

表 7-4 画笔状态函数

函数	描述
pendown( )	放下画笔
penup( )	提起画笔,与 pendown( )配对使用
pensize(width)	设置画笔线条的粗细为指定大小
color( )	设置画笔的颜色
begin_fill( )	填充图形前,调用该方法
end_fill( )	填充图形结束
filling( )	返回填充的状态,True 为填充,False 为未填充
clear( )	清空当前窗口,但不改变当前画笔的位置
reset( )	清空当前窗口,并重置位置等状态为默认值
screensize( )	设置画布的长和宽
hideturtle( )	隐藏画笔的 turtle 形状
showturtle( )	显示画笔的 turtle 形状
isvisible( )	如果 turtle 可见,则返回 True
write(str,font = None)	输出 font 字体的字符串

turtle 中的画笔(即小海龟)可以通过一组函数来控制,其中 turtle. penup( )和 turtle. pendown( )是一组,它们分别表示画笔的抬起和落下,函数定义如下。

(1) turtle. penup( )　　别名　　turtle. pu( ),turtle. up( )

作用:抬起画笔,之后,移动画笔不绘制形状。

(2) turtle. pendown( )　　别名　　turtle. pd( ),turtle. down( )

作用:落下画笔,之后,移动画笔将绘制形状。

(3) turtle. pensize(width)　　别名　　turtle. width( )

作用:设置画笔尺寸,当无参数输入时返回当前画笔宽度。

参数说明如下。

width:设置的画笔线条宽度,如果为 None 或者为空,则函数返回当前画笔宽度。

(4) turtle. pencolor(colorstring)或者 turtle. pencolor((r,g,b))

作用:设置画笔颜色,当无参数输入时返回当前画笔颜色。

参数说明如下。

colorstring:表示颜色的字符串,如"purple"、"red"、"blue"等。

(r,g,b):颜色对应 RGB 的数值,可以是一个介于 0 到 1 之间的任意数值,如 1、0.6、0。

(5) color( )

作用:设置画笔及填充颜色。

当画笔及填充颜色相同时,参数唯一,有 3 种设置方式。

① color(colorstring):颜色字符串参数,如"green"。

② color((r,g,b)):RGB 是数值三元组,如纯蓝(0,0,1)。

③ color(r,g,b)。

当画笔及填充颜色不同时,参数有两个,有两种设置方式。

① color(colorstr1,colorstr2):颜色字符串参数,如 color("red","blue")。

② color((r1,g1,b1),(r2,g2,b2)):RGB 是数值三元组,如 color((1,0,0),(0,0,1))。

4. 画笔运动函数(表 7-5)

表 7-5 画笔运动函数

函数	描述
forward( )	沿着当前方向前进指定距离
backward( )	沿着当前相反方向后退指定距离
right(angle)	向右旋转 angle 角度
left(angle)	向左旋转 angle 角度
goto(x,y)	移动到绝对坐标(x,y)处
setx( )	将当前 X 轴移动到指定位置
sety( )	将当前 Y 轴移动到指定位置
setheading(angle)	设置当前朝向为 angle 角度
home( )	设置当前画笔位置为原点,朝向东
circle(radius,e)	绘制一个指定半径 r 和角度 e 的圆或弧形
dot(r,color)	绘制一个指定半径 r 和颜色 color 的圆点
undo( )	撤销画笔最后一步动作
speed( )	设置画笔的绘制速度,参数为 0~10 之间

(1) turtle. fd(distance) 别名 turtle. forward(distance)

作用:向小海龟当前行进方向前进 distance 距离。

参数说明如下。

distance：行进距离的像素值，当值为负数时，表示向相反方向前进。

（2）turtle. seth(to_angle)　　　别名　turtle. setheading(to_angle)

作用：设置小海龟当前行进方向为 to_angle，该角度是绝对方向角度值。

参数说明如下。

to_angle：角度的整数值。

（3）turtle. circle(radius, extent = None)

作用：根据半径 radius 绘制 extent 角度的弧形。

参数说明如下。

radius：弧形半径，当值为正数时，半径在小海龟左侧，当值为负数时，半径在小海龟右侧。

extent：绘制弧形的角度，当不给该参数或参数为 None 时，绘制整个圆形。

7.4.3　random 库概述

使用 random 库的主要目的是生成随机数。

这个库提供了不同类型的随机数函数，其中最基本的函数是 random. random()，它生成一个 [0.0,1.0) 之间的随机小数，所有其他随机函数都是基于这个函数扩展而来。常用的 random 库的函数如表 7-6 所示。

表 7-6　常用的 random 库函数

函数	描述
seed(a = None)	初始化随机数种子，默认值为当前系统时间
random()	生成一个 [0.0,1.0) 的随机小数
randint(a,b)	生成一个 [a,b] 的整数
getrandbits(k)	生成一个 k 比特长度的随机整数
randrange(start,stop[,step])	生成一个 [start,stop) 以 step 为步数的随机整数
uniform(a,b)	生成一个 [a,b] 的随机小数
choice(seq)	从序列类型（如列表）中随机返回一个元素
shuffle(seq)	将序列类型中元素随机排列，返回打乱后的序列
sample(pop,k)	从 pop 类型中随机选取 k 个元素，以列表类型返回

在使用 random() 时需要先导入函数包：import random。

random 库使用 random. seed(a) 对后续产生的随机数设置种子 a。设置随机数种子的好处是可以准确复现随机数序列，用于重复程序的运行轨迹。对于仅使用随机数但不需要复现的情形，可以不用设置随机数种子。如果程序没有显示设置随机数种子，则使用随机数生成函数前，将默认以当前系统的运行时间为种子产生随机序列，这样产生的随机数序列重复的概率很小。

在 IDLE Shell 窗口输入如下命令。

```
>>> from random import *
>>> random()
0.00882446523574465
>>> random()
0.5761020592718143
```

```
>>> seed(10)
>>> random()
0.5714025946899135
>>> random()
0.4288890546751146
>>> seed(10)
>>> random()
0.5714025946899135
>>> random()
0.4288890546751146
```

可以发现,两次设置种子为 10 后,random 函数得到的随机数序列是相同的。

7.4.4 实例——雪景艺术绘图

turtle 图形艺术,指利用 turtle 库画笔创造性绘制绚丽多彩艺术图形的过程。turtle 图形艺术效果中隐含着很多随机元素,如随机颜色、尺寸、位置和数量等。在图形艺术绘制中需要引入随机函数库 random。常用 randint( ) 函数,生成指定范围内的随机数,还可以结合 seed 函数设置种子,形成准确的重复序列,用于画笔的重复的运行轨迹。

"雪景"图形艺术背景为黑色,分为上下两个区域,上方是漫天彩色雪花,下方是由远及近的灰色横线渐变。该图运用了随机元素,如雪花位置、颜色、大小、花瓣数目、地面灰色线条长度、线条位置等,需要使用 turtle 库和 random 库,导入函数包:from turtle import * 和 from random import * 。

雪景艺术绘图可以分成以下三个步骤。

第 1 步:构建图的背景。

设定窗体大小为 800×600 像素,窗体颜色为 black。然后,定义上方雪花绘制函数 drawSnow( ) 和下方雪地绘制函数 drawGround( )。

```
setup(800,600,200,200)
tracer(False)
bgcolor("black")
drawSnow()
drawGround()
```

第 2 步:绘制雪花效果。

为体现艺术效果,drawSnow( ) 函数首先隐藏 turtle 画笔、设置画笔大小、绘制速度,然后使用 for 循环绘制 100 朵雪花。雪花大小 snowsize、雪花花瓣数 dens 都分别设定为一定数值范围随机数。最后通过 for 循环绘制出多彩雪花。

```
def drawSnow():
    hideturtle()
    pensize(2)
    for i in range(100):
        r,g,b=random(), random(), random()
```

```
pencolor(r,g,b)
penup()
setx(randint(-350,350))
sety(randint(1,270))
pendown()
dens=randint(8,12)
snowsize=randint(10,14)
for j in range(dens):
    forward(snowsize)
    backward(snowsize)
    right(360/dens)
```

第 3 步:绘制雪地效果。

drawGround( )函数使用 for 循环绘制地面 400 个小横线,画笔大小 pensize、位置坐标 x 和 y、线段长度均通过 randint( )函数作为随机数产生。

```
def drawGround():
    hideturtle()
    for i in range(400):
        pensize(randint(5,10))
        x=randint(-400,350)
        y=randint(-280,-1)
        r,g,b=-y/280,-y/280,-y/280
        pencolor((r,g,b))
        penup()
        goto(x,y)
        pendown()
        forward(randint(40,100))
```

将代码输入到 Python 编辑器,保存生成文件 SnowView. py。
按 F5 键运行。效果如图 7-19 所示。

实验例题7-6:
SnowView.py

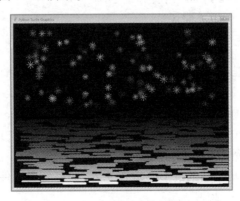

图 7-19　雪景艺术绘图

实验五　绘制五角星图形

五角星的颜色是红色,黄边,五角星左边写紫色文字"DONE"。

分析:要想绘制五角星图形,主要问题是绘制五角星的轮廓。

考虑到五角星的结构特点,以画布的原点为起点,先来画五角星的第一条边,turtle. forward(200)。

接下来需要画五角星的第二条边,这就需要调整画笔的方向了,以当前位置顺时针转动画笔,即向右144°方向转动画笔,turtle. right(144),调整好画笔的方向后,画第二条边,需要和第一条边等长,turtle. forward(200)。

然后,画五角星的第三条边,依然需要先调整画笔的方向,同第二条边调整的力度一样,顺时针转动144°,画第三条边,turtle. right(144),turtle. forward(200)。

重复刚刚的操作,画五角星的第四、五条边。

可以用一个循环写出以上过程。

```python
for _ in range(5):
    turtle. forward(200)
    turtle. right(144)
```

解决了五角星轮廓的绘制,其他问题就简单了,设置画笔颜色,填充颜色,绘制完成后,调整画笔位置,写文字。程序代码如下:

```python
import turtle #导入Python自带的turtle库
import time


turtle. pensize(5) #设置画笔的宽度为5像素
turtle. pencolor("yellow") #设置当前画笔颜色为黄色
turtle. fillcolor("red") #绘制图形的填充颜色为红色

turtle. begin_fill() #准备开始填充图形
for _ in range(5):    #这个循环的用途是循环5次,无须关注_的实际含义
    turtle. forward(200) #向当前画笔方向移动200像素长度
    turtle. right(144) #顺时针移动144°
turtle. end_fill()    #填充完成
time. sleep(2) #设置2秒后进行后续步骤

turtle. penup()    #提起笔移动,不绘制图形,用于另起一个地方绘制
turtle. goto(-150, -120)    #将画笔移动到坐标为(-150,-120)的位置
turtle. color("violet") #同时设置pencolor和fillcolor
turtle. write("Done", font=('Arial', 40, 'normal')) #写文本,Done为文本内容,font是字体的参数,分别为#字体名称、大小和类型
```

实验例题7-7:
Star.py

将代码输入到Python编辑器,保存生成文件Star. py。按F5键,运行结果如图7-20所示。

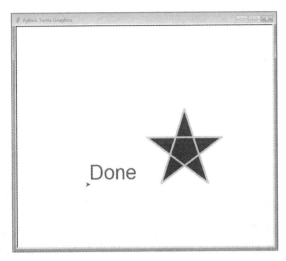

图 7-20　绘制五角星图形

上机实践三

1. 请学习并验证实验五,按照这个方法依次绘制出三边形、四边形、六边形,掌握 turtle 绘图方法。效果如图 7-21 所示,注意图片与文字位置。考虑一下这是什么原因。

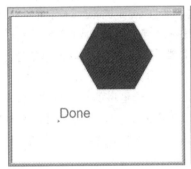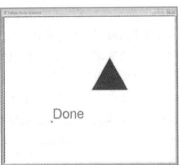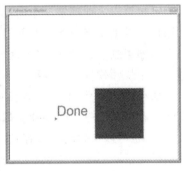

图 7-21　绘图效果

2. 请学习并验证实例——雪景艺术绘图,自己绘制任意一幅图像,题材不限。

第8章 PHP 程序设计

8.1 PHP 语言概述

通过前面的学习知道,静态网页是由设计者预先完全设计好具体显示内容的网页。静态网页一经发布,无论何人何时访问,都不会改变,因此它适合于很少变动的展示型网站。静态网页都是 HTML 文件,以 .htm 或者 .html 为扩展名。它的源代码直接保存在网站服务器上,方便移植。由于静态网页不需要在服务器端运行程序,也不需要数据库的支持,因此执行速度较快。静态网页的缺点也是明显的,功能单一,交互性差,更新内容必须重新制作,当网站信息量很大时,完全使用静态网页就比较麻烦了。

在这种情况下,就应该采用以数据库技术为基础的动态网页,不但可以大大降低制作和维护网站的工作量,还可以方便地扩展网站的功能,如用户注册、用户登录、在线调查、订单管理等。动态网页是用服务器端脚本语言(常用的服务器端脚本语言有 ASP、PHP 和 JSP 等)编写的,扩展名可以是 .asp 或者 .php,通常嵌入在 HTML 文档中。

要想更深入地理解动态网页与静态网页的区别,还要了解这两者在访问方式上的不同之处。当用户通过浏览器向网站服务器发出访问静态网页的请求时,服务器直接将静态网页代码发送到客户端浏览器,不做任何处理。而当用户请求访问动态网页时,服务器先找到该文件,将它传递给一个特殊软件负责解释和执行,然后再将执行结果发送到客户端浏览器。

值得强调的是,不要将动态网页与页面内容是否有动感混为一谈。这里讲的动态网页,与大家经常在网页上看到的各种动画、滚动字幕等视觉动态效果没有直接关系。动态网页可以是纯文字的,也可以包含动画内容,这些只是网页具体内容的表现形式,无论网页是否有动态效果,只要是采用了动态网页技术生成的网页都可以被称为动态网页。

刚开始接触 PHP 的读者需要首先了解的是这样两个问题:PHP 是什么,PHP 能做什么。PHP 是 hypertext preprocessor(超文本预处理器)的缩写。PHP 是一种被广泛应用的开放源代码的服务器端脚本语言,它的语法吸收了 C、Java 和 Perl 语言的特点,功能强大,入门门槛低,易于初学者学习,因此得到了广泛的应用。PHP 程序既可以单独运行,也可以嵌入到 HTML 文档中,尤其适合于动态网页开发领域。这样专业的概念介绍,你真的理解它的含义了吗? 还是请看下面的例子吧。

【例 8-1】 PHP 程序示例。

```
<html>
<head>
  <title>PHP 程序示例</title>
```

```
    </head>
    <body>
        <? php
            date_default_timezone_set('Asia/Shanghai');//设置时区
            echo "当前的日期与时间是".date("c");//"."是字符串连接运算符
        ?>
    </body>
    </html>
```

　　该程序中的 date 是返回当前日期与时间的函数,当其参数(即自变量)为"c"时,同时返回当前日期与时间。echo 是 PHP 中用于向浏览器输出数据的函数。运行结果如图 8-1 所示。

图 8-1　显示日期与时间

　　这个例子中用得最多的还是 HTML 代码,只不过在其中嵌入了一段 PHP 代码来实现一些功能。其中的 PHP 代码被包含在特殊的起始符"<? php"和结束符"? >"之间,从而可以进入"PHP 模式"。在本例中用于输出"当前的日期与时间是 2014-04-27T07：01：06+08：00",每次输出的日期时间是不同的,体现了动态网页的特点。

　　如果在浏览器中查看这个网页的源文件,会发现显示的源文件中并不包含 PHP 代码部分,而是普通的 HTML 文档。这是因为 PHP 的解释系统在服务器端对 PHP 代码部分进行了解释处理,首先转化为 HTML 标记,然后再发送到客户端的浏览器中。

　　那么,PHP 能做什么呢? 前面曾介绍过 HTML 语言以及静态网页和动态网页的概念,用 HTML 语言写出来的网页都是静态网页,而编写动态网页就需要用到 PHP 了。可以用 PHP 来完成许多工作,例如,处理表单数据,生成动态网页,产生图形用户界面(GUI)程序,发送/接收 Cookies 等。当然,PHP 的功能远不局限于此,感兴趣的读者可以在 PHP 官网上获得更多的信息。

　　除了入门简单之外,PHP 最大的优势是开放源代码和跨平台。PHP 能够在所有主流操作系统上使用,包括 Linux、UNIX、Windows、mac OS 等。作为入门教程,这里只介绍在 Windows 操作系统上运行 PHP 的方法。

8.2　PHP 的数据与运算

8.2.1　变量

1. 变量

在程序运行过程中,其值可以改变的量称为变量。变量是构成程序的基本元素。为了保存不同类型的数据,变量也分为不同的类型。PHP 中变量的名称由美元符号"$"后面跟标识符来表示的。合法的标识符以字母或下划线开头,其后是任意字母、数字或下划线的组合。

下面举例说明变量命名的规则。合法的变量名有

$ age $ stu_1 $ _flag $ is_prime

以下变量名是非法的:

$ 中国 $ 33 $ 6flag $ * age

PHP 变量的基本类型有布尔型、整型、浮点型、字符串型和数组,不同类型的变量具有不同的值域。本节讲解前 4 种类型,有关数组的内容将在 8.6 节中介绍。

变量的赋值是 PHP 程序中最常用的一种运算。所谓赋值就是将一个值存入到该变量所对应的内存单元中。

例如:

$ a = 10;

PHP 中的变量不需要专门声明类型,通常通过直接赋值确定变量的类型。变量值是整数的,就是整型变量;变量值是实数的,就是浮点型变量;变量值是使用单引号、双引号括起来的,是字符串型变量;变量值是 TRUE 或 FALSE 的,是布尔型变量。

2. 布尔型

布尔型是最简单的变量类型,只有真和假两种取值,在 PHP 中分别用 TRUE 和 FALSE 来表示。要为某变量指定一个布尔值时,只需为其赋值 TRUE 或 FALSE 即可,这两个关键字不区分大小写。布尔变量多用于流程控制。

【例 8-2】 布尔型变量示例。

```php
<? php
$flag1=true;              //为变量赋值为 true
if($flag1==true)          //判断相等
  echo "旗帜已升起<br>";    //输出语句 echo
else
  echo "旗帜已落下<br>";
?>
```

3. 整型

PHP 中的整型值可以用十进制、八进制和十六进制三种形式。

【例 8-3】 整型变量示例。

```php
<? php
    $num1=1024;     //十进制整数
    $num2=0;
    $num3=0130;     //八进制整数,数字前必须加 0
    $num4=-0x3a;    //十六进制整数,数字前必须加 0x
```

```
    echo "num1 =". $num1. "<br>";
    echo "num2 =". $num2. "<br>";
    echo "num3 =". $num3. "<br>";
    echo "num4 =". $num4. "<br>";
?>
```

运行结果如图 8-2 所示。

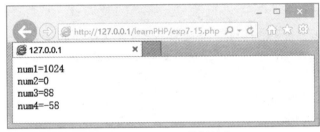

图 8-2　显示整型数据的值

整型数的最大值约为 20 亿,因此只要数值在整数范围内就是有效的。

4. 浮点型

浮点型数也称为实数,既可以是小数形式,也可以用科学记数法来表示。

【例 8-4】　浮点型变量示例。

```
<? php
    $float1 =3.14159;
    $float2 =-1.1;
    $float3 =2.2e3;
    echo "float1 =",$float1,"<br>";
    echo "float2 =",$float2,"<br>";
    echo "float3 =",$float3,"<br>";
?>
```

运行结果如图 8-3 所示。

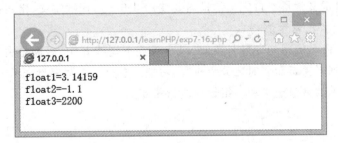

图 8-3　显示浮点型数据的值

　　浮点数的最大值通常是 1.8e308,并具有 14 位有效数字的精度,表达的数值范围比整型数要大很多,但浮点数往往存在误差,因此应当避免比较两个浮点数是否相等。

　　5. 字符串型

　　字符串就是一个字符序列,它没有长度的限制。PHP 中定义字符串的方法就是用单引号、双引号将字符序列括起来。

【例 8-5】　字符串变量示例。

```php
<? php
    $str1 = '淄博市';
    $str2 = '山东省$str1';      //使用单引号定义字符串
    $str3 = "中国$str1";        //使用双引号定义字符串
    echo $str1. "<br>";
    echo $str2. "<br>";
    echo $str3. "<br>";
?>
```

运行结果如图 8-4 所示。

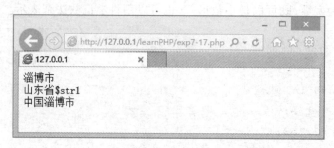

图 8-4　显示字符串变量的值

　　可见,在单引号中的字符串将会原样输出,而在双引号中的变量名将会被变量的值所替换。

8.2.2　常量

　　常量是指在程序运行过程中其值不可改变的量。PHP 中的常量分为自定义常量和系统常量两种,本节只介绍自定义常量。自定义常量需要使用 define( )函数定义,格式如下:

define("常量名",常量值);

　　其中,常量名的命名规则与变量名类似,以字母或下划线开头,后面是由字母、数字、下划线组成的任意字符序列。常量命名时区分大小写,习惯上总是用大写字母表示,以示与变量名的区别。以下是一组正确的常量定义和一组错误的常量定义:

```php
<? php
    //正确的常量定义
    define("STU_NAME","TOM");
```

```
define("_SCORE","A++");
// 错误的常量定义
define("1_NAME","TOM");
define(" * _SCORE","A++");
?>
```

在 PHP 中,常量可以用来存储一些不变的参数,如数据库用户名和密码等。常量的类型根据常量的值来确定,可以是布尔型、整型、浮点型和字符串型。常量一旦定义,其值就不能再改变了。使用时直接用常量名即可,下面通过例 8-6 来介绍一下常量的简单使用方法。

【例 8-6】 常量使用示例。

```
<? php
    define("PI",3.14159);
    $r=2;
    $area=PI * $r * $r;
    echo "半径为 2 的圆的面积是:".$area;
?>
```

运行结果如图 8-5 所示。

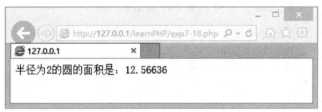

图 8-5 计算圆的面积

8.2.3 内置函数

内置函数是由 PHP 系统预先定义好的函数,用户可直接调用。

【例 8-7】 已知变量 $x 的值为 36,编程序求 $x 的自然对数和常用对数。

问题分析:从 PHP 内置函数表中可以查得,求自然对数的内置函数是 log( ) 函数,而求常用对数的内置函数是 log10( ) 函数。

源代码:

```
<html>
<head>
<title>求自然对数与常用对数</title>
</head>
<body>
```

```
<? php
    $x=36;
    $y=log($x);           /*调用内置函数求$x 的自然对数*/
    $z=log10($x);         /*调用内置函数求$x 的常用对数*/
    echo"自然对数=". $y. "<br>";
    echo"常用对数=". $z. "<br>";
?>
</body>
</html>
```

从上例可以看出,在 PHP 程序中调用内置函数时,只需写出函数名和函数参数即可。

8.2.4 运算符和表达式

PHP 的运算符非常丰富,常用的运算符有赋值运算符、算术运算符、关系运算符、逻辑运算符和字符串运算符。由运算符和运算对象构成的表达式能实现多种运算操作。

1. 算术运算符

PHP 中的算术运算符有以下几种:加(+)、减(-)、乘(*)、除(/)、取模(%)、取负(-)、自增(++)和自减(--)等。下面通过一个例子来学习它们的用法。

【例 8-8】 算术运算符用法示例。
```
<? php
    $m=20;
    $n=6;
    $result=$m+$n;
    echo "m+n=",$result,"<br>";
    $result=$m-$n;
    echo "m-n=",$result,"<br>";
    $result=$m * $n;
    echo "m*n=",$result,"<br>";
    $result=$m/$n;
    echo "m/n=",$result,"<br>";
    $result=$m% $n;
    echo "m%n=",$result,"<br>";
    $result=-$n;
    echo "-n=",$result,"<br>";
?>
```

运行结果如图 8-6 所示。

图 8-6 算术运算符示例

除了取负、自增和自减运算符只需要一个运算数之外，其他 5 个运算符都需要有两个运算数参与运算。因此，取负、自增和自减运算符属于一元运算符，其他 5 个运算符属于二元运算符。

2. 关系运算符

关系运算符用于表示两个数据之间的关系，这两个数据既可以类型相同，也可以类型不同。但是为了避免出现意想不到的错误，不建议对两个不同类型的数据进行关系运算。表 8-1 中列出了 PHP 关系运算符及其运算规则。

表 8-1 关系运算符运算规则

符号	名称	示例	功能
>	大于	$a>$b	如果 $a 的值大于 $b 的值，则结果为 true，否则返回 false
>=	大于或等于	$a>=$b	如果 $a 的值大于等于 $b 的值，则结果为 true，否则返回 false
<	小于	$a<$b	如果 $a 的值小于 $b 的值，则结果为 true，否则返回 false
<=	小于或等于	$a<=$b	如果 $a 的值小于等于 $b 的值，则结果为 true，否则返回 false
==	相等	$a==$b	如果 $a 的值等于 $b 的值，则结果为 true，否则返回 false
===	严格相等	$a===$b	如果 $a 的值等于 $b 的值且类型也相同，则结果为 true，否则返回 false
!=或<>	不等于	$a!=$b	如果 $a 的值不等于 $b 的值，则结果为 true，否则返回 false
!==	严格不相等	$a!==$b	如果 $a 的值不等于 $b 的值或者它们类型不同，则结果为 true，否则返回 false

3. 逻辑运算符

逻辑运算符用于对逻辑型数据进行运算，逻辑运算符及其运算规则如表 8-2 所示。

表 8-2 逻辑运算符运算规则

符号	名称	示例	功能
&& 或 and	逻辑与	$a and $b	如果 $a 和 $b 的值都是 true，则结果为 true，否则返回 false
‖或 or	逻辑或	$a or $b	如果 $a 和 $b 的值都是 false，则结果为 false，否则返回 true
!	逻辑非	!$a	如果 $a 的值为 true，则结果为 false，否则结果为 true
xor	逻辑异或	$a xor $b	如果 $a 和 $b 的值不同，则结果为 true，否则返回 false

【例 8-9】 关系运算符和逻辑运算符使用示例。

```php
<? php
    $a=0;
    $b=16;
    $c=11;
    if($a>$b and $a>$c)
    echo "a="$a",b="$b",c="$c",三者的最大值是:"$a"<br>";
    if($b>$a and $b>$c)
    echo "a="$a",b="$b",c="$c",三者的最大值是:"$b"<br>";
    if($c>$a and $c>$b)
    echo "a="$a",b="$b",c="$c",三者的最大值是:"$c"<br>";
?>
```

运行结果如图 8-7 所示。

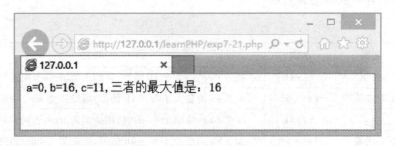

图 8-7 求三个数中的最大数

4. 字符串运算符

字符串连接运算符"."是最常用的字符串运算符,用于连接两个字符串。

【例 8-10】 字符串连接示例。

```php
<? php
    $m="中华";
    $n="人民";
    echo $m.$n."<br>";
    echo $n."大会堂<br>";
?>
```

运行结果如图 8-8 所示。

图 8-8 字符串连接结果

8.3 顺序结构程序设计

PHP 采用结构化程序设计方法,任何程序都可以由顺序、选择和循环三种基本结构组成。所谓顺序结构是指程序中的语句完全按照其排列次序执行。

8.3.1 PHP 的语句类型

PHP 中的语句可以分成 5 种类型。

1. 表达式语句

表达式语句即表达式之后加一个分号。

例如:

$a = $a+1;

$i++;

2. 函数调用语句

函数调用语句即在函数调用之后加一个分号。

例如:

echo "Hello,World!";

print "欢迎进入 PHP 的世界!";

3. 空语句

空语句即只由一个分号构成的语句。空语句不执行任何操作,通常用于一些特殊场合。

4. 控制语句

控制语句是用于控制程序执行流程的语句,如 if-else 语句、while 语句等。

5. 块语句(复合语句)

块语句是用一对花括号括起来的若干条语句。

例如:

{$t = $a;$a = $b;$b = $t;}

从语法作用上来说,块语句等同于一条语句。

8.3.2 利用表单进行传值

如前所述,PHP 程序运行于服务器端,而网页代码运行于客户端,那么如何实现 PHP 程序与客户端的信息交换呢?

从服务器端到客户端的数据传递,可以利用 PHP 程序中的 echo、print 等函数轻松实现。而从客户端到服务器端的数据传递,则需要借助于客户端的表单网页和服务器端的表单处理程序协同完成。

首先,在包含表单的网页中定义表单时,通过 method 属性指定传值方法(通常选择"POST"传值方法),通过 action 属性指定表单处理程序。

例如:

```
<form method=post action=response. php>
```

然后,在 PHP 表单处理程序中,可以利用超全局数组 $_POST 获取表单成员的值。$_POST 是 PHP 中预定义好的系统数组,用户可以直接引用。$_POST 是一个关联数组,即它的键值(下标)是字符串。

【例 8-11】 编写 PHP 程序实现:在浏览器中输入一个圆的半径值,求出该圆的面积并在浏览器中显示。

问题分析:首先,创建一个包含表单的网页,用于接收来自客户端的用户输入。然后,在 PHP 程序中获取浏览器提交的表单数据,计算出结果之后输出到浏览器中。

表单网页 login. php 源代码:

```
<html>
<head>
<title>表单网页</title>
</head>
<body>
<form method="post" action=" response. php">
<p>圆的半径<input type="text" name="r"></p>
<p><input type="submit" value="提交" name="B1"></p>
</form>
</body>
</html>
```

相应的表单处理程序 response. php 源代码:

```
<? php
    $r=$_POST["r"];
    $area=pi()* $r* $r;
    echo "圆的面积=". $area;
?>
```

8.4 选择结构程序设计

所谓选择结构程序(分支结构程序),是指可以根据不同的条件有选择地(即有条件地)执行程序中的语句。要实现这种选择结构有两个前提:一是能够在程序中表示条件,二是有实现选择的语句。

在 PHP 中通常使用关系表达式或逻辑表达式来表示条件,使用 if 语句和 switch 语句来实现分支选择。

8.4.1 if 语句

if 语句是专门用于实现选择结构的语句,它能根据条件的真假选择执行两种操作中的一种。

1. if 语句的两种基本形式

(1)标准 if-else 语句

一般形式:

```
if(表达式)
    语句1
else
    语句2
```

该语句的功能是,若表达式的值为真(非0),则执行语句1;否则,执行语句2。执行流程如图 8-9 所示。

图 8-9 标准 if 语句流程

例如:

```
if($a>=$b)
  $max=$a;
else
  $max=$b;
```

【例 8-12】 根据当前时间,输出相应的问候语。即 12 点之前显示"Good morning!",12 点之后显示"Good afternoon!"。

源代码:

```
<html>
<head>
<title>显示问候语</title>
</head>
<body>
<? php
```

```
        date_default_timezone_set('Asia/Shanghai');
        $h=date("G");
        if($h <= 12)
        {
          echo "Good morning!";
        }
        else
        {
          echo "Good afternoon!";
        }
    ?>
</body>
</html>
```

运行结果如图 8-10 所示。

(a) 12点之前的显示结果　　　　　(b) 12点之后的显示结果

图 8-10　显示问候语

（2）不带 else 的 if 语句

一般形式：

if(表达式)

　　语句

该语句的功能是,若表达式的值为真(非 0),则执行其后的语句,然后执行 if 语句的后继语句;否则,直接执行 if 语句的后继语句。其执行流程如图 8-11 所示。

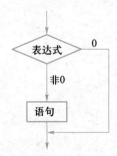

图 8-11　不带 else 的 if 语句流程

【例 8-13】 改写例 8-12,根据当前时间,输出相应的问候语。即 12 点之前显示"Good morning!",12 点到 18 点之间显示"Good afternoon!",18 点之后显示"Good evening!"。

源代码:

```
<html>
<head>
<title>显示问候语</title>
</head>
<body>
<? php
    date_default_timezone_set('Asia/Shanghai');
    $h=date("G");
    echo $h,'<br>';
    if($h<=12)
    {
      echo "Good morning!";
    }
    if($h>12 && $h<=18)
    {
      echo "Good afternoon!";
    }
    if($h>18)
    {
      echo "Good evening!";
    }
?>
</body>
</html>
```

2. if 语句的嵌套

如果在一个 if 语句中,又包含了另外的 if 语句,则称之为嵌套的 if 语句。嵌套 if 语句通常用于处理多分支选择程序。

其一般形式如下:

```
if(表达式 1)
    if(表达式 2) }语句 1    内嵌 if 语句
    else           语句 2
else
    if(表达式 3) }语句 3    内嵌 if 语句
    else           语句 4
```

【例 8-14】 改写例 8-13,使用嵌套的 if 语句实现:根据当前时间,输出相应的问候语。

源代码:

```
<html>
<head>
<title>显示问候语</title>
</head>
<body>
<? php
    date_default_timezone_set('Asia/Shanghai');
    $h=date("G");
    echo $h,'<br>';
    if($h<=12) {
      echo "Good morning!";
    }
    else if($h<=18) {
      echo " Good afternoon!";
    }
    else {
      echo " Good evening!";
    }
?>
</body>
</html>
```

PHP 程序中的 else if 也可以去掉中间空格,写作 elseif,两者是等价的。

8.4.2　switch 语句

除了可以用 if 语句实现多分支选择结构之外,PHP 还提供了专门用于实现多分支选择结构的 switch 语句。

switch 语句的一般形式如下:

```
switch(表达式)
{
    case 常量表达式 1:语句序列 1
    case 常量表达式 2:语句序列 2
    …
    case 常量表达式 n:语句序列 n
    default:         语句序列 n+1
```

```
}
```

其中,switch 表达式通常是整型、字符串型的表达式,而 case 表达式通常是整型、字符串型的常量。

switch 语句的功能如下。

首先求出 switch 之后表达式的值,然后依次与每个 case 之后的常量表达式的值相比较。若两者相等,则执行相应 case 之后的语句序列,直至 switch 语句体结束或者遇到 break 语句跳出 switch 语句体为止。

如果没有与之相等的常量表达式,并有 default 标号,则执行 default 标号之后的语句序列,直至 switch 语句体结束或者遇到 break 语句跳出 switch 语句体为止;若无 default 标号,则直接跳出 switch 语句体。

【例8-15】 根据当前日期,输出本月的天数(不考虑闰年)。

源代码之一:

```
<html>
<head>
<title>本月的天数</title>
</head>
<body>
<? php
    date_default_timezone_set('Asia/Shanghai');
    $m=date("n");
    echo $m.'<br>';
    switch($m)
      {
        case  1: $days=31;break;
        case  3: $days=31;break;
        case  5: $days=31;break;
        case  7: $days=31;break;
        case  8: $days=31;break;
        case 10: $days=31;break;
        case 12: $days=31;break;
        case  4: $days=30;break;
        case  6: $days=30;break;
        case  9: $days=30;break;
        case 11: $days=30;break;
        case  2: $days=28;
      }
    echo "本月的天数=". $days;
```

```
?>
</body>
</html>
源代码之二：
<html>
<head>
<title>本月的天数</title>
</head>
<body>
<? php
    date_default_timezone_set('Asia/Shanghai');
    $m=date("n");
    echo $m. '<br>';
    switch($m)
      {
        case  1:
        case  3:
        case  5:
        case  7:
        case  8:
        case  10:
        case  12:$days=31;break;
        case  4:
        case  6:
        case  9:
        case  11:$days=30;break;
        case  2: $days=28;
      }
    echo "本月的天数=".$days;
?>
</body>
</html>
```

想一想,若考虑闰年的话,如何确定某一年中每个月的天数?

8.4.3 条件表达式

在 PHP 中,可以用条件运算符(?:)构成条件表达式,使用条件表达式也能实现简单的选择结构。

条件表达式的一般形式如下：

表达式 1? 表达式 2:表达式 3

条件表达式的求值流程如图 8-12 所示。

例如：

$a=5;

$b=3;

$max=$a>$b? $a:$b;

从功能上来说，条件表达式与 if-else 语句是等价的。

例如：

```
($a>$b)?($max=$a):($max=$b);
```

等价于

```
if.($a>$b)
    $max=$a;
  else
    $max=$b;
```

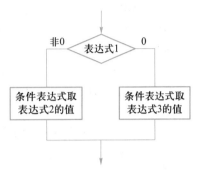

图 8-12　条件表达式的求值流程

8.5　循环结构程序设计

所谓循环，是指在一定条件下反复执行某个程序段的程序结构。例如，要计算某班 40 名学生 5 门课程的总分和平均分，就需要使用循环结构来实现。

在 PHP 中，提供了 4 种专门的循环语句来实现循环结构，即 while 语句、do-while 语句、for 语句和 foreach 语句。

8.5.1　while 循环

用 while 语句构成的循环，称为 while 循环。

1. while 语句

while 语句的一般形式如下：

```
while(表达式)
    语句 1
```

其中，while 之后的表达式称为循环的条件，通常为关系表达式或逻辑表达式，也可以是结果类型为整型、实型、字符串型的表达式。后面的语句 1 就是要反复执行的部分，称为循环体。

while 语句的执行流程如图 8-13 所示。

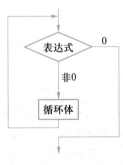

图 8-13　while 语句的执行流程

【例 8-16】　while 循环示例。

源代码：

```
<html>
```

```
<head>
<title>while 循环示例</title>
</head>
<body>
<? php
    $i=1;
    while($i<=5)
    {
      echo $i.'<br>';
      $i++;
    }
?>
</body>
</html>
```

运行结果如图 8-14 所示。

图 8-14　循环程序的输出结果

2. while 循环程序举例

【例 8-17】　编程序,求 $1+2+3+\cdots+100$ 之和。

问题分析:该问题实质上是求等差数列之和,完全可以利用等差数列的求和公式来求。不过在这里采用一种累加的方法来求此数列之和,因为这种方法具有更好的通用性。

算法设计:

① 首先定义变量 \$sum 用于存储累加和,并将 \$sum 初始化为 0。

② 将 1 累加到 \$sum 中,即 \$sum = \$sum+1;(此时 \$sum 的值为 1)。

③ 将 2 累加到 \$sum 中,即 \$sum = \$sum+2;(此时 \$sum 的值为 1+2 之和)。

④ 将 3 累加到 \$sum 中,即 \$sum = \$sum+3;(此时 \$sum 的值为 1+2+3 之和)。

⑤ 依此类推,直至将 100 累加到 \$sum 中,即 \$sum = \$sum+100;(此时 \$sum 的值为 $1+2+3+\cdots+100$ 之和)。

可见,每一次累加都是在上一次累加的基础上进行的。

上述 100 个赋值语句可以归纳为如下的循环体:

```
    $sum=$sum+$i;
$i++;
```

其中,$i 的取值为 1 到 100。

因此可推导出如下的 while 循环:

```
$sum=0;
$i=1;
while($i<=100)
  {$sum=$sum+$i;
    $i++;
  }
```

完整的源代码:

```
<html>
<head>
<title>求 1+2+3+…+100 之和</title>
</head>
<body>
<? php
    $sum=0;
  $i=1;
  while($i<=100){
    $sum=$sum+$i;
    $i++;
  }
  echo '$sum='. $sum. '<br>';
?>
</body>
</html>
```

程序的运行结果如下:

$sum=5050

可见,在构造循环程序时,可以按照从具体到一般的原则首先归纳出循环体,然后再嵌套上循环语句即可。

8.5.2　for 循环

由 for 语句构成的循环称为 for 循环。

1. for 语句

for 语句的一般形式如下：

for(表达式 1;表达式 2;表达式 3)

　语句 1

这里的语句 1 就是要反复执行的部分,称为循环体。

for 语句的执行流程如图 8-15 所示。

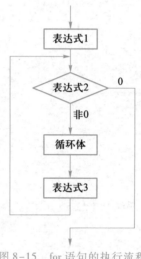

图 8-15　for 语句的执行流程

【例 8-18】 for 循环示例。

源代码：

```html
<html>
<head>
<title>for 循环示例</title>
</head>
<body>
<?php
   for($i=1;$i<=5;$i++){
   echo $i.'<br>';
   }
?>
</body>
</html>
```

可见,在 for 循环中,表达式 1 一般用于为循环控制变量赋初值,表达式 2 则是循环的条件,表达式 3 一般用于改变循环控制变量的值。

从 for 循环的功能可以看出,for 循环可以看作是由 while 循环变形而来的。也就是将为循环控制变量赋初值的语句和改变循环控制变量值的语句合并到了 for 语句的括号中。因此,for 循环比 while 循环更简洁,但不如 while 循环直观。

2. for 循环程序举例

【例 8-19】　编写 PHP 程序实现:在浏览器中输入一个正整数,求出其阶乘并在浏览器中显示。

表单网页文件 login. php 源代码:

```html
<html>
<head>
<title>求 n 的阶乘</title>
</head>
<body>
<p>请输入一个正整数</p>
<form method="post"action="response. php">
<p>n=<input type="text"name="num"></p>
<p><input type="submit"value="提交"name="S1"></p>
</form>
</body>
</html>
```

表单响应程序 response. php 源代码:

```php
<? php
  $n=$_POST["num"];
  echo "n=". $n. "<br>";
  $f=1;
for($i=1;$i<=$n;$i++)
  $f=$f * $i;
  echo "n!=". $f. "<br>";
?>
```

8.5.3　do-while 循环

用 do-while 语句构成的循环,称为 do-while 循环。

do-while 语句的一般形式如下:

```
do
  语句 1
while(表达式);
```

do-while 语句的执行流程如图 8-16 所示。

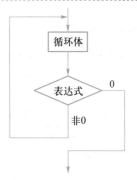

图 8-16　do-while 语句的执行流程

【例 8-20】　do-while 循环示例。

源代码:

```html
<html>
<head>
<title>do-while 循环示例</title>
</head>
<body>
<? php
    $i =1;
    do{
      echo $i.'<br>';
      $i++;
      }
    while($i<=5);
  ?>
</body>
</html>
```

8.5.4　循环的嵌套

若在一个循环的循环体中又包含了另外的循环结构,则称之为循环的嵌套,也叫作多重循环。在多重循环中,最常见的是双重循环。下面来看一个双重循环的例子。

【例 8-21】　双重循环示例。

源代码:

```html
<html>
<head>
<title>双重循环示例</title>
</head>
<body>
<? php
    for ($i=0;$i<2;$i++){
        for($j=0;$j<3;$j++){
        echo '$i ='. $i. ',$j ='. $j;
        echo "<br>";
        }
        echo " ****** <br>";
```

```
      }
      ?>
  </body>
  </html>
```

在分析双重循环的执行过程时,可以将外循环的循环体看作一个整体,并展开外循环。对上面的程序而言可将外循环展开为:

```
$i =0;
for($j =0;$j <3;$j ++){
  echo '$i ='. $i. ',$j ='. $j;
  echo "<br>";
}
echo " ****** <br>";
$i =1;
for($j =0;$j <3;$j ++){
  echo '$i ='. $i. ',$j ='. $j;
  echo "<br>";
}
echo " ****** <br>";
```

该程序运行结果如图 8-17 所示。

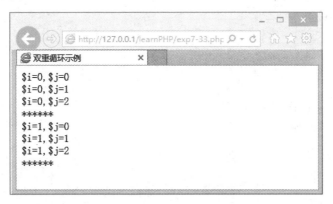

图 8-17　双重循环程序运行结果

8.6　PHP 的数组

当程序中需要用到一组相关的数据时,使用数组是不错的选择。数组是一组相关变量的集合,数组中的变量称为数组元素。在 PHP 中,同一个数组中的元素可以具有不同的数据类型。

　　数组中的元素通过键(也称为下标)来引用,键既可以是整数,也可以是字符串。所有键都是字符串的数组称为关联数组。

　　如果在一个数组中又包含了其他的数组,则称之为多维数组,二维数组是最常用的多维数组。

　　下面介绍数组的创建和基本操作。

8.6.1　数组的基本操作

1. 使用 array( ) 函数创建数组

使用 array( ) 函数创建数组是 PHP 中最常用的方法。其调用格式如下:

array([key=>]value,…)

其中,key 可以是整数或字符串,value 可以是任何值。

【例 8-22】　使用 array( ) 函数不指定键值创建数组。

```php
<? php
    $a1=array("apple","dog",100,"house",TRUE,3.14159);
    echo "数组 a1:<br>";
    print_r($a1);
    echo "<br>";
    $a2=array(1,3,5,7,9,0);
    echo "数组 a2:<br>";
    print_r($a2);
    echo "<br>";
?>
```

---

print_r( ) 函数用于以格式化形式输出数组的内容。

输出结果如图 8-18 所示。

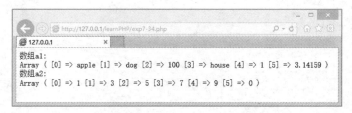

图 8-18　创建数组的运行结果

　　可见,一个数组中可以包含不同类型的元素;逻辑值将转化为整数形式输出;若不指定键值,则默认以从 0 开始的连续整数作为键。

【例 8-23】　使用 array( )函数指定部分数值键创建数组。

```php
<? php
    $a1 = array(1 =>"apple","dog",100,"house",TRUE,3.14159);
    echo "数组 a1:<br>";
    print_r($a1);
    echo "<br>";
    $a2 = array(1 =>1,3,5,6 =>7,9,0);
    echo "数组 a2:<br>";
    print_r($a2);
    echo "<br>";
?>
```

输出结果如图 8-19 所示。

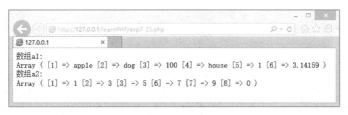

图 8-19　创建数组的运行结果

可见,可以将数值键设置为不连续的整数。

【例 8-24】　使用 array( )函数创建关联数组。

```php
<? php
    $a1 = array("one"=>"apple","two"=>"dog","three"=>"house");
    echo "数组 a1:<br>";
    print_r($a1);
    echo "<br>";
    $a2 = array("一"=>"one","二"=>"two","三"=>"three","四"=>"four","五"=>"five");
    echo "数组 a2:<br>";
    print_r($a2);
    echo "<br>";
?>
```

输出结果如图 8-20 所示。

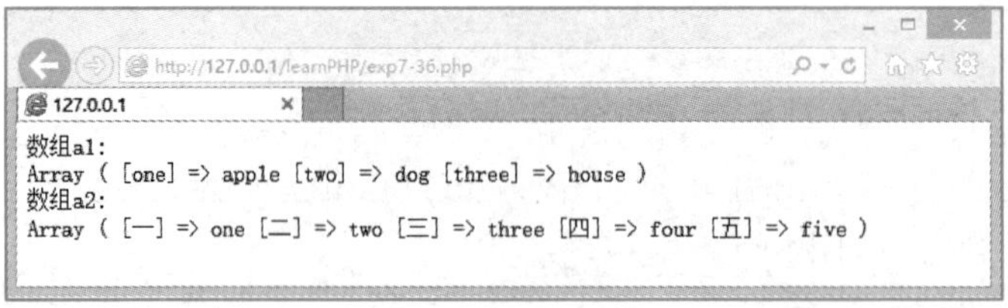

图 8-20　创建关联数组的运行结果

可见,利用关联数组可以在两组数据之间建立一一对应的关系。

【例 8-25】　使用 array( ) 函数创建二维数组。

```php
<? php
    $a=array(array("张三","男",18,"山东潍坊"),
    array("李四","女",18,"四川成都"),
    array("王五","男",19,"辽宁铁岭"),
    array("赵六","女",19,"浙江杭州"));
    print_r($a);
    echo "<br>";
?>
```

输出结果如下:

```
Array ([0]=> Array ( [0]=> 张三 [1]=> 男 [2]=> 18 [3]=> 山东潍坊 )
       [1]=> Array ( [0]=> 李四 [1]=> 女 [2]=> 18 [3]=> 四川成都 )
       [2]=> Array ( [0]=> 王五 [1]=> 男 [2]=> 19 [3]=> 辽宁铁岭 )
       [3]=> Array ( [0]=> 赵六 [1]=> 女 [2]=> 19 [3]=> 浙江杭州 ) )
```

2. 通过直接赋值扩充或创建数组

PHP 数组的大小不是固定不变的,可以通过对数组元素直接赋值来扩充数组或者创建一个原先不存在的数组。

【例 8-26】　向数组中添加新值。

```php
<? php
    $a1=array("apple","boy","house");    //创建一个数组
    $a1[]="girl";                         //添加一个没有键名的值
    $a1["animal"]="dog";                  //添加一个有键名的值
    $a2[]=20;                             //自动生成一个新数组并赋值
    $a2[]=30;
    print_r($a1);
    echo "<br>";
    print_r($a2);
?>
```

运行结果如图 8-21 所示。

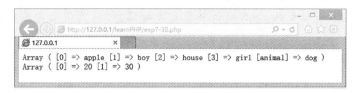

图 8-21　向数组中添加新值的运行结果

当然,通过直接赋值也可以修改某些数组元素的值。

3. 删除数组元素

可以使用 unset( )函数删除一个数组元素。

【例 8-27】　使用 unset( )函数删除数组元素。

```php
<? php
    $arr=array(5=>1, 12=>2);
    $arr[]=56;
    $arr["x"]=42;
    print_r($arr);
    echo "<br>";
    unset($arr[12]);//删除数组元素$arr[12]
    print_r($arr);
    unset($arr);     //删除整个数组
?>
```

运行结果如图 8-22 所示。

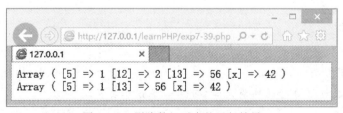

图 8-22　删除数组元素的运行结果

8.6.2　数组应用举例

【例 8-28】　向文本框输入一位数字,转换成相应的汉字大写数字之后输出到浏览器中。问题分析如下。

① 首先将 10 个汉字大写数字存入到一个不指定键值的一维数组中,$a=array("零","壹","贰","叁","肆","伍","陆","柒","捌","玖");。

② 此时,数组元素的值就是整数键值对应的汉字大写数字。

③ 从表单中输入一位整数,然后以该整数作为键值,对应数组元素的值就是相应的汉字大写数字。

表单网页 login.php 源代码:

```html
<html>
<head>
<title>数据输入</title>
</head>
<body>
<form method="post" action="response.php">
<p>请输入一位数字<input type="text" name="id"></p>
<p><input type="submit" value="提交" name="B1"></p>
</form>
</body>
</html>
```

相应的表单处理程序 response.php 源代码:

```php
<? php
    $a=array("零","壹","贰","叁","肆","伍","陆","柒","捌","玖");
    print_r($a);
    echo "<br>";
    $id=$_POST["id"];
    echo "相应的汉字大写数字:".$a[$id];
?>
```

【例 8-29】 在一个二维数组中,存有 4 名学生的姓名以及高数、英语、计算机、哲学 4 门课程的成绩。要求以表格形式输出该二维数组的所有元素值。

问题分析如下。

① 要输出该数组第 0 行的所有元素,可用如下程序段实现:

```php
echo "<tr>";
echo "<td>".$a[0][0]."</td>";
echo "<td>".$a[0][1]."</td>";
echo "<td>".$a[0][2]."</td>";
echo "<td>".$a[0][3]."</td>";
echo "<td>".$a[0][4]."</td>";
echo "</tr>";
```

而以上程序段，可以归纳为如下的单重循环：

```php
echo "<tr>";
for($j=0;$j<=4;$j++)
echo "<td>".$a[0][$j]."</td>";
echo "</tr>";
```

② 要分行输出该数组的所有元素，可用如下 4 个单重循环实现：

```php
echo "<tr>";
for($j=0;$j<=4;$j++)
echo "<td>".$a[0][$j]."</td>";
echo "</tr>";
echo "<tr>";
for($j=0;$j<=4;$j++)
echo "<td>".$a[1][$j]."</td>";
echo "</tr>";
echo "<tr>";
for($j=0;$j<=4;$j++)
echo "<td>".$a[2][$j]."</td>";
echo "</tr>";
echo "<tr>";
for($j=0;$j<=4;$j++)
echo "<td>".$a[3][$j]."</td>";
echo "</tr>";
```

③ 以上 4 个单重循环，可以合并为如下的双重循环：

```php
for($i=0;$i<=3;$i++)        /*外循环控制行号*/
{echo "<tr>";
for($j=0;$j<=4;$j++)        /*内循环控制列号*/
echo "<td>".$a[$i][$j]."</td>";
echo "</tr>";
}
```

完整的源代码：

```php
<html>
<head>
<title>表格形式输出示例</title>
</head>
<body>
<? php
    $a=array(array("张三",96,66,76,86),
```

```
        array("李四",77,88,66,99),
        array("王五",90,80,70,60),
        array("赵六",85,75,95,65));
    echo "<table border=1 align=center width=300>";
    echo "<tr><td>姓名</td><td>高数</td><td>英语</td><td>计算机</td><td>哲学</td></tr>";
    for($i=0;$i<=3;$i++)        /*外循环控制行号*/
        { echo "<tr>";
    for($j=0;$j<=4;$j++)        /*内循环控制列号*/
    echo "<td>".$a[$i][$j]."</td>";
    echo "</tr>";
    }
    echo "</table>";
?>
</body>
</html>
```

运行结果如图 8-23 所示。

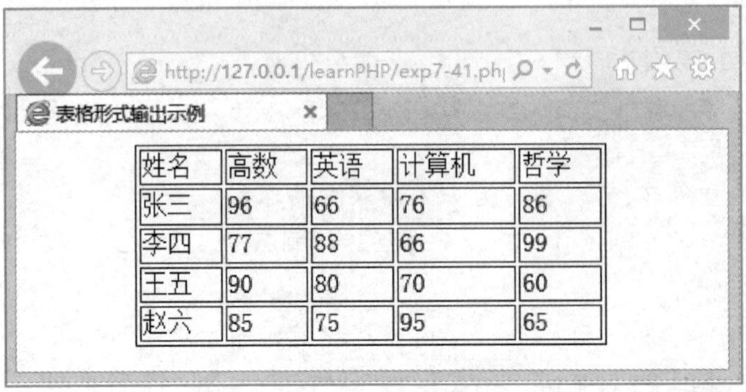

图 8-23   用 PHP 程序在网页中显示表格

由此可见,在处理二维数组的元素时,通常可以采用双重循环。若是按照行优先顺序处理二维数组的元素,则用外循环控制行号,用内循环控制列号;若是按照列优先顺序处理二维数组的元素,则用外循环控制列号,用内循环控制行号。

8.7 PHP 的函数

假若已知变量$x 的值为 36,如何在 PHP 中编写程序求得$x 的自然对数值呢?这看似是一个复杂的问题,实际上在 PHP 中很容易实现。而这完全得益于 PHP 提供的函数功能。

所谓函数,就是一段可以实现某种特定功能的程序。每个函数都定义有一个函数名,以便被其他程序调用。

PHP 的函数可以分为内置函数和自定义函数两类。内置函数是由 PHP 系统预先编写好的函数,用户可直接调用,如 echo( )函数、print( )函数等。而自定义函数是由用户自己定义的函数,即用户在编写 PHP 程序时,将程序中具有相对独立功能的程序段定义为一个函数。本节主要学习用户自定义函数的定义和调用。

按照函数有无参数(即自变量),可以将函数分为无参函数和有参函数两类。无参函数是不带参数的函数,例如,返回 π 的近似值的 pi( )函数。有参函数是带有参数的函数,例如,计算自然对数的 log( )函数。

下面分别介绍无参函数和有参函数的定义和调用过程。

8.7.1 无参函数的定义和调用

1. 无参函数的定义

无参函数的定义形式如下:

function 函数名( )

函数体

其中,函数体是用一对花括号括起来的语句序列。

【例 8-30】 用自定义函数编写 PHP 程序,显示如下图形。

```
The first one:
 *
 **
 ***
 ****
The second one:
 *
 **
 ***
 ****
```

问题分析:首先,编写一个不包含自定义函数的 PHP 程序以实现上述功能。

源代码:

```
<html>
<head>
<title>显示两个三角形</title>
</head>
<body>
<? php
    echo "The first one:<br>";
```

```
    for($i=1;$i<=4;$i++)
    {
        for($j=1;$j<=$i;$j++)
            echo "*";
        echo "<br>";
    }
    echo "The second one:<br>";
    for($i=1;$i<=4;$i++)
    {
      for($j=1;$j<=$i;$j++)
        echo "*";
      echo "<br>";
    }
?>
</body>
</html>
```

在该程序中,打印一个三角形的程序段重复了两次,但是观察这两段程序,发现并不能简单地将它们合并为一个循环。

为了提高编程效率,避免重复,在本程序中可以将打印三角形的程序段单独拿出来,定义为一个函数,然后在 PHP 程序中调用它。

为了得到打印三角形的函数,只需以相应的程序段作为函数体,并添加函数头即可。

```
function printstar()
{
  for($i=1;$i<=4;$i++)
  {
    for($j=1;$j<=$i;$j++)
      echo "*";
    echo "<br>";
  }
}
```

2. 无参函数的调用

用户定义好了函数之后,就可以像调用内置函数那样来调用它了。

无参函数的调用格式如下:

函数名( )

【例 8-31】 下面来完成例 8-30 中包含自定义函数的 PHP 程序。

问题分析:因为前面已经定义好了打印一个三角形的自定义函数,因此可以在 PHP 程序中直接调用它。

完整的源代码如下:

```
<html>
<head>
<title>显示两个三角形</title>
</head>
<body>
<? php
    function printstar()
    {
        for($i=1;$i<=4;$i++)
        {
            for($j=1;$j<=$i;$j++)
              echo " * ";
              echo "<br>";
          }
      }
    echo "The first one:<br>";
    printstar();          /* 调用前面定义的函数 printstar() */
    echo "The second one:<br>";
    printstar();          /* 调用前面定义的函数 printstar() */
?>
</body>
</html>
```

【说明】自定义函数的定义既可以位于调用语句之前,也可以位于调用语句之后。

包含自定义函数的程序,其执行流程是怎样的呢?这种程序总是从自定义函数的外部开始执行,当遇到函数调用时,将会转向自定义函数的函数体中执行。当执行完自定义函数体(或者执行到 return 语句时),将会返回到发生函数调用的位置继续执行。

8.7.2 有参函数的定义和调用

首先来看一个实例。

【例 8-32】 已知 m、n 是正整数,编写程序求 m 中取 n 的组合值。

问题分析:首先,编写一个不包含自定义函数的 PHP 程序以实现上述功能。

源代码:

```
<html>
```

```
<head>
<title>求组合值</title>
</head>
<body>
<? php
    $m=rand(1,10);
    $n=rand(1,10);
    if($m<$n)
    {
        $t=$m;
        $m=$n;
        $n=$t;
    }
    echo "m=".$m."<br>";
    echo "n=".$n."<br>";
    $k=$m;
    $p=1;
    for($i=1;$i<=$k;$i++)
        $p=$p*$i;
        $c1=$p;
    $k=$n;
    $p=1;
    for($i=1;$i<=$k;$i++)
        $p=$p*$i;
    $c2=$p;
    $k=$m-$n;
    $p=1;
    for($i=1;$i<=$k;$i++)
        $p=$p*$i;
    $c3=$p;
    $c=$c1/($c2*$c3);
    echo "m 中取 n 的组合数 =".$c."<br>";
?>
</body>
</html>
```

在该程序中,求阶乘的程序段重复了三次,但是观察这三段程序,发现并不能简单地将它们合并为一个循环。

为了提高编程效率,避免重复,在本程序中可以将求阶乘的程序段单独拿出来,定义为一个函数,然后在 PHP 程序中调用它。

为了得到求阶乘的自定义函数,只需以相应的程序段作为函数体,并添加函数头即可。可得到如下自定义函数:

```php
function fact()
{
    $p=1;
    for($i=1;$i<=$k;$i++)
     $p=$p*$i;
}
```

分析该自定义函数,可以发现还存在两个问题没有解决。一是如何将 $m、$n 及 $m-$n 的值传递给变量 $k 的问题,很显然 $m、$n 的值应该在 PHP 的主程序中输入。二是如何将求得的阶乘值(即变量 $p 的值)传递给主程序中的变量 $c1、$c2 与 $c3 的问题。

为了实现主程序与自定义函数之间的数据传递,PHP 规定:将自定义函数中用于从外部接受已知数据的变量名,写到函数首部的括号中,称为自定义函数的参数;将自定义函数中用于向外部传递结果数据的变量名(或表达式)写到 return 语句中,称为自定义函数的返回值。

因此可得到修正之后的自定义函数如下所示:

```php
function fact($k)
{
  $p=1;
  for($i=1;$i<=$k;$i++)
    $p=$p*$i;
  return $p;
}
```

只有有返回值的函数才可以在表达式中调用,如本例中的 fact 函数;而没有返回值的函数只能作为一条语句来调用,如例 8-31 中的 printstar() 函数。

一旦定义好了求阶乘的自定义函数,就可以像调用内置函数那样来调用它。由此可写出调用该函数求组合数的 PHP 程序如下所示:

```php
<html>
<head>
<title>用自定义函数求组合值</title>
</head>
<body>
<?php
    function fact($k)
    {
        $p=1;
```

```
            for($i=1;$i<=$k;$i++)
                $p=$p*$i;
            return $p;
        }
    $m=rand(1,10);
    $n=rand(1,10);
    if($m<$n)
    {$t=$m;
    $m=$n;
    $n=$t;
    }
    echo "m=".$m."<br>";
    echo "n=".$n."<br>";
    $c1=fact($m);
    $c2=fact($n);
    $c3=fact($m-$n);
    $c=$c1/($c2*$c3);
    echo "m 中取 n 的组合数=".$c."<br>";
?>
</body>
</html>
```

　　PHP 中函数的参数分为形式参数和实际参数两种。形式参数(形参)是定义自定义函数时所使用的参数,实际参数(实参)是调用自定义函数时所使用的参数。

　　实参和形参之间是如何实现数据传递的呢? PHP 规定,当主程序调用自定义函数时,会将实参的值赋给对应的形参;而在自定义函数返回时,并不能将形参的值传回给实参。这种单向传递称为值传递。

8.8　PHP 密码验证与 Session 传值

8.8.1　PHP 密码验证

　　当从网页上登录邮箱时,只需要在表单中输入正确的账号和密码即可登录。在这个过程中,实际上包含了客户机向服务器提交表单内容和服务器接受表单内容并进行验证两个步骤。

　　在客户机方面,只要单击网页上的"提交"按钮就能将表单信息提交到服务器。而在服务器方面,则可以利用 PHP 程序获取表单内容并进行验证。

　　账号与密码验证是许多网站的必备环节,可以利用前面讲过的表单网页与 PHP 表单处理程序实现。

【例 8-33】 利用 PHP 程序实现账号与密码验证。要求用户在表单中输入账号与密码，由 PHP 程序进行验证之后显示相应的信息。

表单登录网页 login. php 源代码如下：

```
<html>
<head>
<title>表单登录</title>
</head>
<body>
<form method="post" action="response.php">
<p>账号<input type="text" name="id"></p>
<p>密码<input type="password" name="pw"></p>
<p><input type="submit" value="提交" name="B1"></p>
</form>
</body>
</html>
```

相应的表单处理程序 response. php 源代码如下：

```
<? php
        $id=$_POST["id"];
        $pw=$_POST["pw"];
        if($id=="张三"&& $pw=="zhangsan"||$id=="李四
"&& $pw=="lisi"||$id=="王五"&& $pw=="wangwu")
        header("Location:welcome.php");
        else
        {
         echo "账号或密码错误！";
         echo "<a href=login.php>返回</a>";
        }
?>
```

【说明】在该验证程序中，直接将账号与密码写到了 if 语句中，这算不上是一种好的选择。比较合理的方案是将所有用户的账号与密码存入到一个数据库的数据表中，登录验证时再将用户输入的账号信息与数据表中的账号信息进行比对判断即可。

通过验证之后显示的网页 welcome. php 的源代码如下：

```
<html>
<head>
<title>登录成功</title>
</head>
<body>
<p>您已通过验证,欢迎进入本系统! </p>
<p>内部通知</p>
<p>定于 2014 年 12 月 31 日下午 2 点,在计算机基础教学部召开全体教师会议,请准时参
加。</p>
<p>2014-12-26</p>
<a href=login.php>返回</a>
</body>
</html>
```

【说明】该网页只是示意性地展示了登录成功之后所显示的信息,实用系统可能会复杂一些,例如,从教务管理数据库表中查询某个学生的成绩信息并显示出来。

8.8.2 利用 Session 在网页之间传值

在 PHP 的程序中,一般的变量只能在定义它的网页中使用,一旦离开这个页面,这些变量就会失效。

例如,如果希望在例 8-33 的欢迎信息中显示用户的账号,修改之后的 welcome. php 源代码如下。

```
<html>
<head>
<title>登录成功</title>
</head>
<body>
<? php
    echo $id. ",您好! <br>";
?>
<p>您已通过验证,欢迎进入本系统! </p>
<p>内部通知</p>
<p>定于 2014 年 12 月 31 日下午 2 点,在计算机基础教学部召开全体教师会议,请准时参
加。</p>
<p>2014-12-26</p>
<a href=login.php>返回</a>
</body>
```

```
</html>
```
该程序运行时,将会出现变量未定义的错误。这是因为变量$id 只能用于定义它的页面中。

那么,如何才能实现在一个页面中引用其他页面中定义的变量呢? 利用 PHP 中的超全局数组$_SESSION 就可以解决这个问题。$_SESSION 是 PHP 中预定义好的系统数组,用户可以直接引用。$_SESSION 是一个关联数组,即它的键值(下标)是字符串。

相应的表单处理程序 response. php 源代码如下:
```php
<? php
    session_start();
    $id=$_POST["id"];
    $pw=$_POST["pw"];
    $_SESSION["id"]=$id;
    $_SESSION["pw"]=$pw;
    if($id=="张三"&& $pw=="zhangsan"||$id=="李四"&& $pw=="lisi"||
$id=="王五"&& $pw=="wangwu")
    header("Location:welcome.php");
    else
    {
     echo "账号或密码错误!";
     echo "<a href=login.php>返回</a>";
    }
?>
```
通过验证之后显示的网页 welcome. php 的源代码如下:
```php
<html>
<head>
<title>登录成功</title>
</head>
<body>
<?php
    session_start();
    echo $_SESSION["id"]. ",您好! <br>";
?>
<p>您已通过验证,欢迎进入本系统! </p>
<p>内部通知</p>
<p>定于 2020 年 12 月 31 日下午 2 点,在计算机基础教学部召开全体教师会议,请准时参
加。</p>
```

```
<p>2014-12-26</p>
<a href=login. php>返回</a>
</body>
</html>
```

可见,利用超全局数组 $_SESSION 即可实现在不同网页之间共享变量的目标。

该程序在浏览器中的运行结果如图 8-24 所示。

(a) 登录界面login.php   (b) 登录成功界面welcome.php   (c) 登录失败界面response.php

图 8-24 密码验证程序运行结果

第9章 机器人流程自动化

随着信息技术的高速发展,计算机与传统领域结合日趋紧密,形成了智能设计、智能制造、智能施工等新型工作模式,各行业、各领域都面临着全新的机遇与挑战。与此同时,全球企业正面临着业务流程越来越复杂、经营成本不断增加等问题。而根据德勤有限公司 2017 年的调研显示,企业界基本认同公司有 20% 的全职人力工时可由机器人替代,这无疑催生了一个巨大的市场。

9.1 理解 RPA

RPA 全称为 robotic process automation,即机器人流程自动化,是一款软件产品,是指用软件机器人实现业务处理的自动化。robotic,是虚拟的机器人而非实体机器人;process,业务流程;Automation,自动化。可理解为,将业务需求梳理成一个可以被执行的流程,然后由虚拟机器人模拟人的操作行为执行流程,完成预期的任务。作为虚拟劳动力,可以完成大量重复、规则化的工作,并且 7×24 小时不间断,大大提高企业效率,减少人力成本。这是继工业机器人之后,在办公领域开始被关注的用软件实现的机器处理自动化。

9.2 RPA 的优势

RPA 能够帮助企业实现业务流程自动化,把分散的系统高效地集成为一个大系统,迅速提高应用层次,从而提高企业运营效率,降低成本。RPA 具有人工操作无法比拟的优势,主要体现在以下几点。

① 成本低:降低了人力成本,仅需少数几名业务管理人员与运营维护人员。

② 生产效率高:人工操作需要 1 小时的工作量,RPA 可能仅需 5 分钟即可完成,并且实现 7×24 小时不间断工作。

③ 出错率低:不会出现人为干预时可能出现的错误,准确度更高。

④ 可扩展、灵活度高:RPA 的整套业务流程可以频繁跨系统或平台操作,适用于多个领域和行业。

⑤ 非侵入式:以外挂的形式部署在客户现有系统上,在用户界面进行自动化操作,非侵入式模式不改变,不影响原有 IT 基础架构。

9.3 RPA 的适用条件

如今,RPA 正在给全球范围内的工作场所带来颠覆性变化。RPA 最初的设计目的是提供一种易于控制的“数字劳动力”(软件机器人),替代人在计算机前执行有规律且重复性高的办公流程。伴随着 RPA 技术的发展,大量烦琐但有规律的工作,RPA 都能胜任。但是,并不是所有的业务流程都适合 RPA 来实现,从目前的技术实践来看,现有的 RPA 仅适合于高重复性、规则严谨、稳定少变的流程。

（1）高重复性

开发虚拟机器人需要人力、财力及时间成本,烦琐、高重复性的工作才有替换为虚拟劳动力的必要。如果一个流程只是一次性的或者使用频率极低,人工成本便相对低,无法体现 RPA 的优势。

（2）规则严谨

RPA 适合于基于标准规则操作的流程,因为机器人做不到主观判断。借助 AI 技术,例如,OCR（optical character recognition,光学字符识别）识别纸质文档及语音识别、人脸识别等,可以实现一部分判断,但是智能程度有限,无法达到人类的主观判断能力。

（3）稳定少变

RPA 主要是对固定业务,依照定义的业务流程实现自动化处理。业务一般需要操作各种软件、客户端或浏览器。如果用户的操作经常需要发生改变,流程也需相应改变,那么就会加大流程的维护成本。

高重复性、规则严谨、稳定少变的工作,是 RPA 应用的最佳场景。

9.4　RPA 的发展

RPA 技术于 2012 ~ 2015 年在国外开始商业落地,这一领域的代表性公司有 Blue Prism、Automation Anywhere 和 UiPath。他们都成立于 2000—2005 年间,他们服务的对象包括三井住友银行、埃森哲、惠普等大型企业。相比国外,国内 RPA 行业基本在 2017 年后出现,如艺赛旗、AiStream、金智唯、弘玑 Cyclone、云扩科技、Uibot、阿里云 RPA、平安科技旗下的平安云等。国内 RPA 公司面向的客户主要是大型上市公司、银行、国企等机构。目前,RPA 已经在金融服务与银行业、科技领域、电信业、制造业、政府机关、医疗保健、保险理赔等各领域展开应用并且取得满意效果。能够将 RPA 技术结合于各行业业务流程的人员,已经成为紧缺人才。

目前,最先进的 RPA 产品不仅可以模仿人类工作者访问和读取用户界面,组合和编排各种第三方应用程序,它们还能像人类一样开展工作,例如,相互协作、以团队的形式工作。RPA 正在向更先进的智能自动化转变。RPA 技术将越来越多地提供思维和分析能力,使运营更加智能和自主,从而帮助 RPA 软件能更紧密地复制人类的决策。RPA 将成为在数字企业中快速开发人工智能和认知技术的首选执行平台。最先进的 RPA 产品将与人类工作者、系统和应用程序无缝互动,创造一个强大的、智能的数字生态系统。成熟的 RPA 产品将开始更加深度地使用自然语言处理、OCR 技术、通信分析技术、过程优化和机器学习技术。

人工智能 AI 已成为 RPA 的推动者,一个“RPA+AI”的时代正悄悄来临,下一个阶段的 RPA 将会插上 AI 的翅膀,通过机器学习,变得更加聪明。

9.5　UiPath 平台

UiPath 公司是全球 RPA 领域的领导者,客户范围几乎覆盖了所有行业。所提供的平台型 RPA 简单直观、通用性最强。具体到产品形态,UiPath 平台由三个产品组成:机器人、开发平台、协调器。

① 机器人(robot):部署在本地或云上的一套自动化软件。

② 开发平台(studio):一套为机器人设置作业流程的平台。

③ 协调器(orchestrator):部署到企业后,对机器人进行管理和调度的平台。

UiPath 公司提出了"自动化优先"的愿景,即每当员工需要完成任务或改进工作流程时,他们首先想到的是"自动化优先"。他们想到的第一个问题将是,"我如何通过自动化来提高工作效率和成效?"而不是试图自己手工完成所有工作。

基于 UiPath 平台的 RPA 机器人能够模仿人类用户的大多数行为。它们擅长登录应用程序,移动文件和文件夹,复制和粘贴数据,填写表单,从文档中提取结构化和半结构化数据,抓取浏览器信息等。

9.6 UiPath 操作实例

RPA 不仅能对特定业务或者应用程序进行支持,也可以通过简单的定制,迅速地适应业务的变化。下面介绍一个基于 UiPath 平台开发的案例。

设计目的:通过流程录制功能,建立一个虚拟机器人自动工作的流程,模拟人工在 58 同城北京站点检索"软件开发兼职"的全过程,掌握基本的人机交互方法。

首先体会一下人工搜索网页的过程:打开 58 同城网站的北京站点,在"搜索"文本框中输入"软件开发兼职",选择一个筛选条件:区域为"海淀",如图 9-1 所示,搜索结果如图 9-2 所示。

图 9-1 人工操作

设计一个虚拟机器人自动执行以上工作。这是一个 Web 应用自动化的过程。

方法:使用 Record(录制)技术。UiPath 通过"录制"技术能够把用户的一组操作记录下来,然后自动形成一组具有前后顺序的 Activity(活动),这组活动被封装在一个 Sequence(序列)中。

序列是最小类型的项目,适合于建立一个线性过程,严格按照顺序执行。

图 9-2　搜索结果

步骤如下。

① 启动 UiPath Studio 平台。通过程序菜单,启动 UiPath Studio,界面如图 9-3 所示,单击 Process(流程)选项,启动平台。

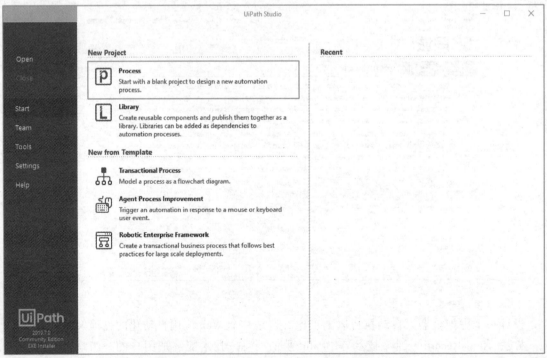

图 9-3　启动 UiPath Studio 平台

　　② 创建项目。创建项目名称为"bj58"，添加项目描述"挖掘兼职信息"，为其选择一个合适的保存位置。

　　单击 Create 按钮，创建项目，如图 9-4 所示。系统将会打开项目的操作界面，如图 9-5 所示。

　　③ 选择录制类型。打开 IE 浏览器，导航至 58 同城网站的北京站点。在 Design（设计）选项卡中单击 Recording（录制）按钮，在下拉子菜单中选择 Web（网页）命令，如图 9-6 所示，就会呈现网页录制工具栏。在录制工具栏中单击 Open Browser（打开浏览器）按钮，进入录制流程，如图 9-7 所示。

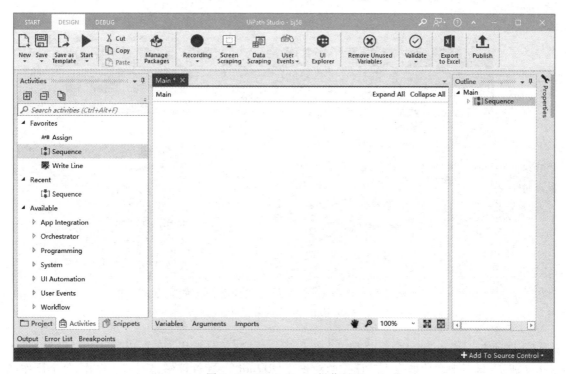

图 9-4　创建项目

图 9-5　UiPath Studio 操作界面

④ 开始录制。打开需要录制的网页,移动鼠标指针至空白区域内任意位置,网页变成浅蓝色,如图 9-8 所示,单击空白区域任意位置,录制程序自动获取到当前页面对应的网址 URL,单击 OK 按钮,如图 9-9 所示。

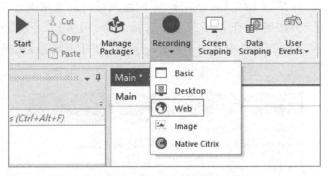

图 9-6　选择录制类型

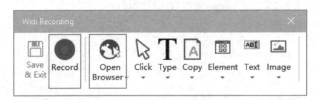

图 9-7　网页录制工具栏

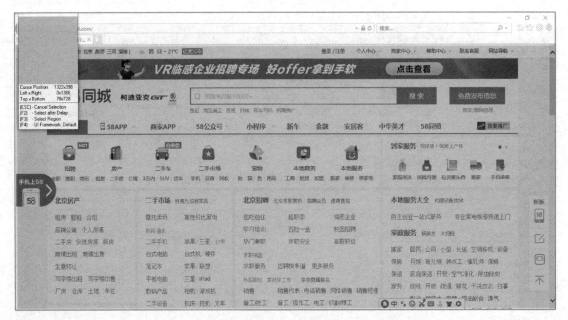

图 9-8　启动网页录制

⑤ 启动多 Activity 的录制。执行以上操作后,在录制工具栏中,单击 Record(录制)按钮,如图 9-7 所示,接下来开始捕捉人工操作的动作。"Record"一次性能够录制多个操作,每个操作都

最终自动对应一个活动,从而组成一个序列。

图 9-9　自动获取网址

首先,录制键盘输入操作。鼠标在页面上游动时会变成蓝色小手的形状,网页元素变得可以逐个捕获,移动到"搜索"按钮前的输入框上,输入框内变为浅蓝色,如图 9-10 所示。鼠标单击输入框,弹出文字输入窗口,输入要搜索的职位名称"软件开发兼职",并按 Enter 键,如图 9-11 所示。

图 9-10　确定输入位置

接下来,录制鼠标单击操作。单击"搜索"按钮,如图 9-12 所示。在跳转的结果页中,单击筛选项目"海淀",如图 9-13 所示。

⑥ 保存录制。当结束录制时,按 Esc 键,即可退出录制。然后,单击 Save & Exit 按钮,如图 9-14 所示。此时,Studio 界面自动显示,并自动生成了本次录制的全部活动,如图 9-15 所示。

⑦ 运行项目。在 Design 选项卡中单击 Start 按钮,运行已录制的流程,如图 9-16 所示。

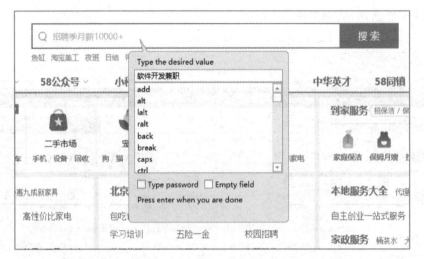

图 9-11 输入搜索内容

图 9-12 单击鼠标 1

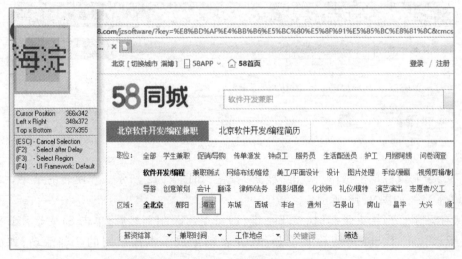

图 9-13 单击鼠标 2

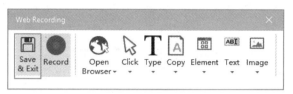

图 9-14 保存录制

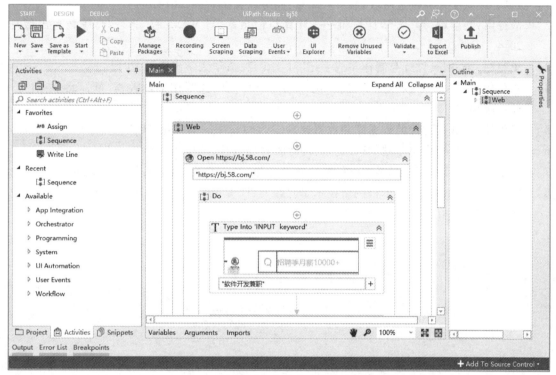

图 9-15 自动生成活动

图 9-16 运行流程

将会看到计算机自动打开 IE 浏览器,打开 58 同城网站的北京站点,自动输入"软件开发兼职",自动设置筛选条件,进行搜索。整个过程不需要人工干预。

基于这个小项目,可以做进一步的优化工作。例如,此项目只是对固定的关键词"软件开发兼职"进行自动检索,可以优化为根据用户输入的不同内容进行搜索。对于检索到的结果,可以从网页中爬取下来,存储到 Excel 文件中。自动化思维与自动化工作方式正在成为新型的工作模式,读者可以进一步深入学习、探索。

参考文献

[1] 巨同升.大学计算机进阶教程[M].北京:高等教育出版社,2014.

[2] 战德臣,聂兰顺,等.大学计算机——计算与信息素养[M].2版.北京:高等教育出版社, 2014.

[3] 史艳艳,等.网页设计与制作实战手记[M].北京:清华大学出版社,2012.

[4] 董延华,张晓华,李颖,等.中文版 Dreamweaver CS5 网页制作案例教程[M].北京:航空工业出版社,2012.

[5] 杨天纯.大数据时代的数据库和数据技术(下)[J].中国信息化,2013(15):66-67.

[6] 王爱民.计算机应用基础[M].北京:高等教育出版社,2014.

[7] 唐培和,徐奕奕.计算思维——计算机学科导论[M].北京:电子工业出版社,2016.

[8] Kathleen Czurda-Page.思科网络技术学院教程:IT 基础[M].6 版.思科系统公司,译.北京:人民邮电大学出版社,2019.